山东省水产养殖病害防治技术

徐　涛◎主编

U0189996

中国海洋大学出版社
·青岛·

图书在版编目（CIP）数据

山东省水产养殖病害防治技术／徐涛主编. —青岛：
中国海洋大学出版社，2023.5
ISBN 978-7-5670-3433-4

Ⅰ. ①山… Ⅱ. ①徐… Ⅲ. ①水产养殖－病害－防治
－山东 Ⅳ. ① S94

中国国家版本馆 CIP 数据核字（2023）第 084365 号

SHANDONGSHENG SHUICHAN YANGZHI BINGHAI FANGZHI JISHU
山东省水产养殖病害防治技术

出版发行	中国海洋大学出版社
社　　址	青岛市香港东路 23 号　　　　　　邮政编码　266071
出 版 人	刘文菁
网　　址	http://pub.ouc.edu.cn
电子信箱	94260876@qq.com
订购电话	0532-82032573（传真）
责任编辑	孙玉苗　　　　　　　　　　电　　话　0532-85901040
装帧设计	青岛汇英栋梁文化传媒有限公司
印　　制	青岛海蓝印刷有限责任公司
版　　次	2023 年 5 月第 1 版
印　　次	2023 年 5 月第 1 次印刷
成品尺寸	170 mm × 240 mm
印　　张	9.5
字　　数	208 千
印　　数	1—1 500
定　　价	88.00 元
订购电话	0532-82032573（传真）

发现印装质量问题，请致电 0532-88786655，由印刷厂负责调换。

编委会

主 任 委 员：王熙杰

副主任委员：邓丕岳

主　　　编：徐　涛

副　主　编：倪乐海

参 编 人 员：（按姓氏笔画排序）

于丰伟	于成松	马　嵩	王　庆	王　玲	王　雷
王　慧	王广策	王文琪	王玉先	王东亮	王印庚
王启要	王珊珊	王高歌	王海涛	王雪鹏	邓玉婷
叶海斌	田传远	史成银	冯继兴	巩　华	朱　伟
刘志国	刘振辉	刘福利	刘缵延	闫雪崧	牟长军
李　杰	李　彬	李文文	李宁求	李成林	李胜杰
李登来	吴广州	吴云良	汪文俊	宋红梅	迟　恒
张　宁	张　弛	张　红	张　波	张　健	张庆利
张秀江	张建柏	林　强	周　顺	郑述河	郑润玲
赵　飞	赵　斌	荣小军	胡　明	胡　炜	胡　鲲
胡云峰	修云吉	逄少军	娄彝春	秦玉广	高永刚
唐永政	黄志斌	隋正红	詹冬梅	臧金梁	廖梅杰
谭林涛	谭爱萍	潘鲁青			

序

为深入贯彻落实《中共中央 国务院关于做好 2022 年全面推进乡村振兴重点工作的意见》和《关于做好 2022 年水产绿色健康养殖技术推广"五大行动"工作的通知》等文件精神,进一步推动水产养殖业绿色发展,我们秉持质量兴渔、绿色兴渔的发展理念,构建了水产养殖疫病防控工作"大监测、大联动、大融合"的工作格局,形成了多主体参与、多模式创制、多业态涌现和多机制保障的"大渔业"的发展态势。

在农业农村部渔业渔政管理局和全国水产技术推广总站的指导下,我们联合中国海洋大学、中国水产科学研究院黄海水产研究所、中国科学院海洋研究所等省内外 20 家高校院所和有关单位的 70 多位专家,编写了《山东省水产养殖病害防治技术》一书。本书以重点养殖品种全养殖周期为主线,归纳了易发病害 80 种,总结了绿色防病新技术 16 项,选配相关图片 200 余幅,编印了水产养殖病害的"山东画册",用基层人员看得懂、学得会的方式,普及病害防治先进技术。

本书是一部较实用的水产养殖病害防治实践指导书。相信本书的出版会对提升我省水产养殖科学化水平,加快水产养殖提档升级,促进渔业绿色高质量发展起到积极的推进作用。

编委会

2023 年 3 月

前　言

PREFACE

山东是渔业大省,水产养殖面积近80万 hm^2 ,依托区位优势、资源优势,秉持科技创新比较优势,贡献了全国近两成的渔业经济总产值。

近年来,山东省委、省政府深入贯彻习近平总书记视察山东重要讲话和重要指示精神以及关于"更加注重经略海洋"的重要指示,大力实施乡村振兴战略,全省水产养殖业保持着良好发展态势,在稳产保供、渔业碳汇和渔民增收等方面的社会功能愈发突出,为乡村振兴和渔业经济发展做出了积极贡献。

水产养殖产业在蓬勃发展的同时,也存在养殖疾病、高温灾害等制约产业高质量发展的瓶颈问题。针对这些问题,我们以重点养殖品种全养殖周期为主线,分析了水生生物疾病发生原因,总结了不同疾病诊断方法,归纳了不同养殖品种易发病害,选配了高清图片,提出了防治建议,介绍了绿色防病技术,明晰了技术应用效果,为广大从业人员科学防控水产养殖病害提供技术参考。

本书引用了相关专家的研究成果和病例图片,在此表示衷心的感谢!

书中难免有不妥之处,敬请批评指正。

目 录

第一部分 水生生物疾病发生概况

2021年山东省共组织16地市渔业重点养殖区域的475处监测点对全省36个优势养殖品种进行了动态监测。全年水产养殖病情监测概况如下。

一、总体情况

监测品种：共六大类36个品种，其中有鱼类20种、甲壳类6种、贝类6种、藻类2种、爬行类1种、棘皮动物1种（表1-1）。

表1-1 山东省2021年进行疾病监测的水产养殖品种

类别	品种	数量／种
鱼类	草鱼、鲢、鳙、鲤、鲫、泥鳅、鲇鱼、鲖鱼、淡水鲈、罗非鱼、鲟、红鲌、白斑狗鱼、大菱鲆、牙鲆、河鲀、鲽、鲷、半滑舌鳎、许氏平鲉	20
甲壳类	凡纳滨对虾、中国对虾、日本囊对虾、克氏原螯虾、梭子蟹、中华绒螯蟹	6
贝类	扇贝、牡蛎、蛤、鲍、螺、蛏	6
藻类	海带、江蓠	2
爬行类	中华鳖	1
棘皮动物	刺参	1

监测规模：监测总面积3.4万hm²，占全省水产养殖总面积的4.4%。监测区域有池塘、工厂化、网箱、海上筏式、底播、滩涂等多种养殖模式。

监测数据显示，草鱼、鲤、鲢、鳙、鲟、淡水鲈、鲽、半滑舌鳎、凡纳滨对虾、克氏原螯虾、中华绒螯蟹、中华鳖12个品种有疾病发生，其余24个测报品种未发生疾病。

山东省2021年共监测到18种疾病，其中有细菌性疾病9种、病毒性疾病1种、寄生虫疾病1种、真菌性疾病2种、非病原性疾病1种、不明病因疾病4种（表1-2）。

表 1-2　山东省 2021 年水产养殖发生的疾病种类综合分析表

疾病种类	发病鱼类/种	发病甲壳类/种	发病爬行类/种	合计/种
细菌性疾病	6	2	1	9
病毒性疾病		1		1
寄生虫病	1			1
真菌性疾病	2			2
非病原性疾病	1			1
不明病因疾病	1	2	1	4
合计/种	11	5	2	18

如图 1-1 所示,山东省 2021 年水产养殖发生最多的疾病是细菌性疾病(占比 69.49%);其次为寄生虫病,占 10.17%;再次为真菌性疾病,占 8.47%;不明病因疾病占 6.78%,需要进一步研究确定其致病原因;非病原性疾病和病毒性疾病分别占 3.39% 和 1.69%。

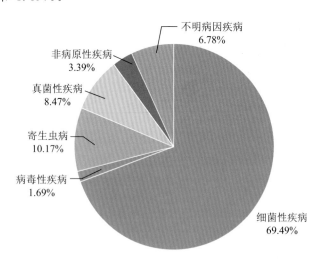

图 1-1　山东省 2021 年水产养殖发生的各类疾病所占比例

二、监测结果与分析

(一)各品种监测结果

1. 草鱼

2021 年草鱼养殖共监测到 6 种疾病(表 1-3),包括 3 种细菌性疾病、1 种寄生虫病、1 种真菌性疾病和 1 种非病原性疾病。细菌性疾病中,肠炎病发生较多,在 6—8 月发生,月平均发病率为 1.05%;赤皮病和烂鳃病月平均发病率分别为

0.06%和0.09%。锚头鳋病的月平均发病率和发病区内平均死亡率分别为0.08%和0.13%。水霉病在6月发生,发病率为0.15%。在8月发生肝胆综合征1种非病原性疾病,发病率为0.04%。

表1-3　草鱼疾病发生情况

疾病	5月		6月		7月		8月		月平均	
	发病率	死亡率	发病率	死亡率	发病率	死亡率	发病率	死亡率	发病率	死亡率
赤皮病	0.06%	0.18%							0.06%	0.18%
烂鳃病	0.09%	0.21%			0.03%	6%			0.06%	0.41%
肠炎病			1.08%	0%	1.02%	0.36%	1.05%	0.49%	1.05%	0.28%
锚头鳋病			0.07%	0.14%	0.08%	0.12%			0.08%	0.13%
水霉病			0.15%	2.4%					0.15%	2.4%
肝胆综合征							0.04%	0.17%	0.04%	0.17%

2. 鲤

2021年鲤养殖共发生4种疾病,包括3种细菌性疾病和1种真菌性疾病(表1-4)。细菌性疾病中,烂鳃病、肠炎病和细菌性败血症的月平均发病率分别为0.04%、0.07%和0.02%,发病区内平均死亡率分别为11.1%、0.31%和4%。水霉病仅在4月发生,发病率为0.001%。

表1-4　鲤疾病发生情况

疾病	4月		5月		6月		月平均	
	发病率	死亡率	发病率	死亡率	发病率	死亡率	发病率	死亡率
烂鳃病			0.04%	11.1%			0.04%	11.1%
肠炎病					0.07%	0.31%	0.07%	0.31%
细菌性败血症	0.02%	4%					0.02%	4%
水霉病	0.001%	4.29%					0.001%	4.29%

3. 鲢

2021年鲢养殖共发生打印病、细菌性败血症、锚头鳋病和鳃霉病4种疾病(表1-5)。打印病和细菌性败血症的月平均发病率分别为0.15%和0.1%,发病区内平均死亡率分别为4.29%和1.9%;锚头鳋病仅在8月发生,发病率为0.12%,未造成死亡;鳃霉病的月平均发病率为0.1%。

表 1-5　鲢疾病发生情况

疾病	5月		8月		9月		10月		月平均	
	发病率	死亡率	发病率	死亡率	发病率	死亡率	发病率	死亡率	发病率	死亡率
打印病					0.15%	4.29%			0.15%	4.29%
细菌性败血症							0.1%	1.9%	0.1%	1.9%
锚头鳋病			0.12%	0%					0.12%	0%
鳃霉病	0.1%	20.8%							0.1%	20.8%

4. 鳙

2021 年鳙养殖共监测到细菌性败血症和锚头鳋病 2 种疾病(表 1-6),其月平均发病率分别为 0.1% 和 0.15%;细菌性败血症的发病区内平均死亡率为26.3%,锚头鳋病未造成死亡。

表 1-6　鳙疾病发生情况

疾病	5月		8月		月平均	
	发病率	死亡率	发病率	死亡率	发病率	死亡率
细菌性败血症	0.1%	26.3%			0.1%	26.3%
锚头鳋病			0.15%	0%	0.15%	0%

5. 鲟

2021 年鲟养殖发生了肠炎病、细菌性败血症和不明病因疾病(表 1-7)。肠炎病和细菌性败血症的月平均发病率分别 0.37% 和 5.7%。在 6 月发生不明病因疾病,其月平均发病率和发病区内平均死亡率分别为 0.11% 和 4.29%。

表 1-7　鲟疾病发生情况

疾病	6月		7月		8月		月平均	
	发病率	死亡率	发病率	死亡率	发病率	死亡率	发病率	死亡率
肠炎病			0.57%	0.24%	0.17%	2.5%	0.37%	1.37%
细菌性败血症			5.7%	66.7%			5.7%	66.7%
不明病因疾病	0.11%	4.29%					0.11%	4.29%

6. 淡水鲈

2021 年淡水鲈养殖在 4 月监测到水霉病 1 种疾病,发病率为 1.64%,未发生死亡。

7. 鲽

2021 年鲽养殖监测到肠炎病 1 种疾病(表 1-8),其月平均发病率和发病区内平均死亡率分别为 0.07% 和 16.4%。

表 1-8 鲽疾病发生情况

疾病	5月		7月		月平均	
	发病率	死亡率	发病率	死亡率	发病率	死亡率
肠炎病	0.07%	16%	0.06%	16.7%	0.07%	16.4%

8. 半滑舌鳎

2021 年半滑舌鳎共发生上皮囊肿病和肝胆综合征 2 种疾病（表 1-9），其月平均发病率分别为 6.8% 和 6.8%，发病区内平均死亡率分别为 10% 和 1.43%。

表 1-9 半滑舌鳎疾病发生情况

疾病	7月		10月		月平均	
	发病率	死亡率	发病率	死亡率	发病率	死亡率
上皮囊肿病			6.8%	10%	6.8%	10%
肝胆综合征	6.8%	1.43%			6.8%	1.43%

9. 凡纳滨对虾

2021 年凡纳滨对虾养殖发生了急性肝胰腺坏死病、弧菌病与不明病因疾病（表 1-10）。其中，急性肝胰腺坏死病发生较多，在 6—9 月都有发生，其月平均发病率和发病区内死亡率分别为 0.01% 和 0.04%。在 10 月监测到弧菌病发生，其月平均发病率为 0.0003%；8 月发生不明病因疾病，月平均发病率为 0.001%；弧菌病和不明病因疾病的发病区内平均死亡率都很高，接近 100%。

表 1-10 凡纳滨对虾疾病发生情况

疾病	6月		7月		8月		9月		10月		月平均	
	发病率	死亡率	发病率	死亡率	发病率	死亡率	发病率	死亡率	发病率	死亡率	发病率	死亡率
急性肝胰腺坏死病	0.01%	0.02%	0.01%	0.01%	0.01%	0.02%	0.01%	0.1%			0.01%	0.04%
弧菌病									0.0003%	100%	0.0003%	100%
不明病因疾病					0.01%	100%					0.01%	100%

10. 克氏原螯虾

2021 年克氏原螯虾养殖在 6 月监测到白斑综合征 1 种疾病，其月平均发病率和发病区内死亡率分别为 7.42% 和 20%。

11. 中华绒螯蟹

2021 年中华绒螯蟹养殖在 6 月发生了水瘪子病 1 种疾病，其月平均发病率和发病区内死亡率分别为 1.15% 和 2.5%。

12. 中华鳖

2021 年中华鳖养殖发生鳖溃烂病和不明病因疾病（表 1-11），其月平均发病率分别为 0.22% 和 0.25%，发病区内平均死亡率分别为 1.2% 和 0.34%。

表 1-11　鳖疾病发生情况

疾病	5 月		6 月		月平均	
	发病率	死亡率	发病率	死亡率	发病率	死亡率
鳖溃烂病	0.22%	1.2%			0.22%	1.2%
不明病因疾病			0.25%	0.34%	0.25%	0.34%

（二）监测结果分析

4—10 月，疾病发生种类整体呈先升后降的趋势（图 1-2）。4 月，月度疾病发生种类相对较少；5—8 月正值高温季节，月度疾病发生种类相对较多，是养殖疾病的高发期；9—10 月疾病发生种类逐步减少。

2021 年各养殖种类整体发生疾病种类数较 2020 年减少。鱼类的月平均发病率为 0.37%（表 1-12），较 2020 年（0.22%）升高；甲壳类的月平均发病率为 0.11%，较 2020 年（0.2%）降低；爬行类的月平均发病率为 0.24%，而 2020 年未监测到疾病发生；贝类、藻类和刺参在 2021 年未监测到疾病发生。2021 年对淡水鱼类危害较大的是烂鳃病、肠炎病、细菌性败血症等细菌性疾病，高温季节是淡水鱼类细菌性疾病的高发期；寄生虫病和真菌性疾病也时有发生。对海水鱼类，肠炎病发生较多。

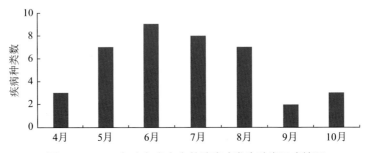

图 1-2　2021 年山东省水产养殖疾病发生种类月度情况

表 1-12　各养殖种类平均发病率与发病区内平均死亡率

		4月	5月	6月	7月	8月	9月	10月	平　均
鱼类	发病率	0.05%	0.1%	0.74%	1.16%	0.29%	0.15%	0.1%	0.37%
	死亡率	2.16%	5.25%	1.32%	4.97%	1.11%	4.29%	5.28%	3.48%
甲壳类	发病率			0.53%	0.01%	0.01%	0.01%	0.000 3%	0.11%
	死亡率			0.78%	0.01%	1.81%	0.1%	100%	20.5%
爬行类	发病率		0.22%	0.25%					0.24%
	死亡率		1.2%	0.34%					0.77%

2021 年甲壳类养殖发生较多的疾病是急性肝胰腺坏死病,该病 6—9 月在凡纳滨对虾养殖中均有发生。克氏原螯虾在 6 月发生白斑综合征。中华绒螯蟹在 6 月监测到水瘪子病发生。

2021 年爬行类发生了溃烂病和不明病因疾病。

第二部分 水生生物疾病发生原因分析

　　水产养殖水环境具有复杂性和脆弱性。气候变化、人类活动等多重因素易导致养殖水环境的变化,破坏养殖微生态的平衡,从而诱发养殖生物的应激反应。病原感染后增殖到较大数量(致病阈值)以及机体受应激后的自身免疫水平下降等多因素叠加,继发性引起病原菌感染,水生生物疾病的发生。根据目前研究进展,水生生物疾病发生的原因归纳为以下几个方面。

一、病原感染

　　病原感染是指病毒、细菌、真菌、寄生虫等病原生物侵染生物体造成疾病发生的过程。病原感染后,仅引起机体产生特异性的免疫应答,不引起或只引起轻微的组织损伤称为隐性感染。病原在感染组织中或者栖息环境中达到一定的数量水平(致病阈值),引起疾病症状的发生,称为显性感染。一般隐性感染阶段是有效控制疾病发生、发展的时机。例如,引起腐皮综合征(化皮病)的灿烂弧菌感染刺参后,未达到致病阈值,刺参未出现或出现临床症状如口部肿大、表皮局部溃烂、排脏,未出现死亡时,是实施疾病防控的最佳时机。不同病原对生物体的致病力不尽相同,同一种病原对不同发育期生物的感染率也不同,要针对病原的差异和生物生长所处阶段综合评价病原感染所处的阶段。

二、环境变化

　　水体中有机物的积累,导致养殖环境的变化,进一步诱发细菌的大量滋生和亚硝酸盐、氨氮、硫化氢等有害物质的增加,继而导致水生生物疾病的发生。另外,温度、盐度等指标的变化也会导致水生生物大量死亡。例如,部分大菱鲆养殖场水源不足,只能使用混合水源或减少换水量,导致水体中有机物增多和病原微生物繁殖;水环境的恶化还能导致大菱鲆的免疫力下降,在恶劣环境和大量病原微生物的综合作用下,大菱鲆出现疾病症状并死亡。再例如,水环境温度的升高,使得部分高温弧菌、分枝杆菌等病原菌数量增加,毒力增强;而大菱鲆在高温条件下免疫力降低,容易发生疾病。

三、生理状态

机体免疫水平与摄入的饲料、栖息环境、季节变化是密切相关的。养殖水体中的亚硝酸盐、氨氮、硫化氢等浓度过高造成养殖生物机体免疫力降低,容易被病毒、细菌等病原感染。例如,藻类细胞壁和先天免疫是藻类抵御病原侵袭的重要屏障,藻体生理状态不佳直接影响细胞壁的韧性及先天免疫水平。此外,藻类植物生长发育过程向外释放有机物,吸引微生物的附生,并与藻体保持相对稳定的关系。附生微生物产生的一些次级代谢物不仅能保护藻类不受病原微生物的侵染,也可以影响藻类的生长和生理机能。藻体生理状态不佳会打破与附生微生物间的平衡,导致机会致病菌数量的异常增多而患病。季节性变化对水生生物自身免疫水平也有影响。

四、生产管理

从养殖环境、养殖品种和特定病原交互作用引起疾病发生的分析中可以看出,三者交集区域的广度反映了养殖病害发生的程度,缩小交集是防控病害发生的有效方式。这在生产实践上就需要强化科学管理并将管理贯穿于养殖生产全过程,提高对各种潜在不利影响因子的应变能力。例如,凡纳滨对虾的健康养殖涉及车间、池塘消毒处理,苗种选择,饲料投喂和养殖系统理化因子有效控制等多个环节。任何一个环节的薄弱,都容易导致病害的暴发。外塘养殖易受温度突变和强降雨等天气变化影响。这类天气变化易造成养殖环境突变,进而引起养殖生物疾病发生或者急性应激反应死亡。工厂化养殖生物养殖密度一般比较大,易受水体氨氮、亚硝氮、微量元素以及弧菌暴发等因素的影响,发生应激反应,致使免疫力低下,养殖成活率下降。

五、其他因素

随着养殖规模的扩大和养殖地域的拓展,敌害生物日趋增多,环境影响也日益凸显。例如,近年来在山东省大面积推广养殖的大口黑鲈,据统计已报道的疾病种类达到30种,而且很多种疾病防控难度较大。2013年、2016年和2018年山东省遭遇夏季极端高温天气,高温海水出现温跃层并相应产生氧跃层,底层海水溶解氧含量持续走低,严重超过刺参存活临界值,导致刺参大量死亡,烟威北部底播增殖海域受影响较为严重。高温还易引起藻华发生和有机物的加速降解。腐败藻类以及池底有机物的降解,消耗大量的氧气,并生产氨氮等有害物质,加剧了海底礁区缺氧等应激反应,刺参因不适出礁并死亡。

第三部分 疾病诊断方法

一、刺参疾病诊断方法

根据病原的种类，我国养殖刺参传染性疾病的主要种类可分为病毒性疾病、细菌性疾病、真菌性疾病和寄生虫病四大类。这4类疾病诊断的主要方法和步骤如下。

（一）流行病学调查

发生疾病的现场情况：调查疾病发生的时间、地点、范围、发病规模等情况；观察发病个体的表观症状等；记录发病时养殖用水的理化条件及周边环境变化等信息。

疾病发生的既往史：调查养殖过程中是否有过发病历史，往年养殖过程中是否出现过类似症状，发病前后养殖环境条件、管理方法等发生的变化，分析疾病发生与既往病史的相关性。

养殖过程与管理分析：记录换水的方法、换水量、饵料种类及投饵次数、底质控制和水质改良等的流程和数据，找出可能引起疾病发生的环节。

用药情况：养殖过程中是否投喂过药物，记录所用药物的种类、剂量和疗效等。

（二）取样检查

检查样品包括活体和死亡个体。活体涵盖发病区正常刺参、初期感染和重度感染的个体。每类样品的检测数量根据刺参个体大小而定：2 cm 以下刺参幼体检测数量＞100 头；2～10 cm 以下刺参的检测数量＞50 头；10 cm 以上刺参的检测数量＞30 头。向疾病检测机构送样品时，应该注意以下几点：

（1）确保样品的数量；

（2）盛放刺参样品的容器要洁净，并经过消毒和反复冲洗，确保无污染；

（3）样品运输时，应该加入冰袋等，确保盛放样品容器中的低温状态；

（4）为全面分析病原的来源，还需分别提供 5 L 以上养殖用水、养殖池水以及

1 kg 发病时期投喂的饲料样品,注意确保盛放样品容器的清洁、无污染。

用肉眼直接观察发病刺参的发病特征:参体和触手的伸缩情况、对外界刺激的反应能力;体色有无变化、口部是否肿胀、体表有无溃烂或异样等;解剖后各器官组织的情况:是否有颜色变化、水肿、体腔积水、溃疡、寄生虫黏附、肠道中是否有食物等。

将发病刺参的病灶部位(如体表溃烂部位、口部肿胀部位)及主要内部器官组织(肠道、呼吸树、纵肌等)制成水浸片,用显微镜进行检测。

对发病区水样(包括养殖场和周围水域)的温度,盐度,pH,溶解氧、氨氮、亚硝酸盐、重金属、农药含量等进行检测。

对发病区发病刺参、养殖用水和饲用饵料中的细菌进行分离纯化培养和鉴定,研究细菌总量和优势菌种类等,分析病原的种类和感染途径。

(三)样品分析和疾病初步诊断

真菌性疾病和寄生虫病通过肉眼和显微镜观察。如观察到溃烂组织有大量霉菌的菌丝体、孢子囊或者寄生虫即可判断。

关于细菌性疾病,除了镜检观察到病灶部位有大量细菌颗粒外,还需要进行病原菌的分离、纯化培养、分类鉴定和回接感染试验来确定。

病毒性疾病的直接快速判断比较困难,一般需要电镜切片观察和病毒分离等过程来确定。在没有电镜等设备的情况下,可采用排除法进行初步的推断:在发病刺参没有大量细菌或者真菌感染,也未见寄生虫寄生,多种广谱抗生素等药物施用没有效果的情况下,可初步推测病毒致病的可能性,再经过病毒检测试剂盒进行检测确认。

多种病原同时感染的情况也较为常见,如果自己无法根据经验或者文献等确定刺参发病的原因,则应该按照送检样品的要求,准备好足够量的处于各发病阶段的样品,呈送具备水产疾病检测资格的机构和相关科研院所进行研究。

二、大菱鲆疾病诊断方法

根据病原的种类,我国养殖大菱鲆传染性疾病的主要种类包括病毒性疾病、细菌性疾病和寄生虫疾病,其鉴别和诊断方法略有不同,一般包括以下步骤。

(一)流行病学调查

发生疾病的现场情况:调查疾病发生的时间、地点、范围、发病规模等情况;观察发病大菱鲆的表观症状;记录发病时养殖现场养殖用水和周边环境变化,了解周边养殖场的养殖情况及发病情况;调查苗种的来源,以及其他相同苗种来源的养殖场发病情况。

疾病发生的既往史:该批大菱鲆是否有过发病历史,往年养殖过程中是否出现过类似的症状;发病前后的环境因子、养殖管理等条件是否发生变化;分析疾病发生与既往史之间的关系。

养殖模式与管理条件:分析大菱鲆的养殖模式、换水量、饵料种类、投喂方式和投喂量、溶解氧含量和 pH 等水质条件,查找是否存在引起疾病的不当因素。

药物使用情况:养殖过程中是否投喂过药物,投喂药物的种类、剂量、疗程和疗效等。

(二)取样检查

取死亡时间不超过 6 h 的大菱鲆,或体表症状明显的濒死个体,同时采集健康个体作为正常样品对照,比较发病个体和健康个体的表观、生理、病理的不同,观察发病个体症状是否一致。向相关疾病检测机构寄送样品时,每种样品不少于 6 尾;若大菱鲆体重低于 10 g,每种样品不少于 10 尾。需要注意样品的采集条件和寄送条件:

(1)样品一定选择死亡时间不超过 6 h 的个体或体表症状明显的濒死个体。死亡时间较久的大菱鲆体内腐生微生物大量繁殖,且部分病毒会出现降解,会影响原发病原的确定。体表症状明显但活力仍比较好的个体体内病原相对较少,影响进一步分析。

(2)样品采用干净的样品袋双层密封存放,防止病原外泄。

(3)使用保温泡沫箱运输,且需要添加冰袋或冰瓶。夏季运输时选择厚的泡沫箱,增加冰瓶的数量,选择运输较快的渠道,保证样品的新鲜程度。

(三)样品分析和疾病初步诊断

(1)肉眼直接观察发病大菱鲆的表观特征和临床症状,重点检查体表是否有充血、出血、溃疡等症状或其他异常;检查鱼是否有腹水,肛门是否红肿或脱落;观察鱼的鳃部是否有黏液增多、出现白点、出血等症状。

(2)用显微镜重点观察以下内容:① 用玻片刮取大菱鲆体表溃烂、变色等位置黏液;② 剪取 1～2 条鳃丝,置于载玻片上,制作水浸片;③ 存在腹水的情况下,抽取腹腔积液;④ 肠炎严重的情况下,刮取肠道黏液;⑤ 如果大菱鲆存在打转、乱游的情况,需取脑部组织制作水浸片。若上述部位观察到大量寄生虫,则可能是寄生虫感染。

(3)关于细菌性疾病,需要从病灶部位和内脏分离细菌,进行培养、纯化和鉴定,并通过实验室间接感染试验确定病原。一般来讲,体表病灶部位的细菌种类可能较多,需要深入试验确定病原种类。

(4)病毒性疾病的诊断相对较为复杂,大部分难以通过症状、显微镜观察等现场检测手段判断。一般来讲,对于已知病毒,可以将发病个体带回实验室提取核酸,并利用特异性引物进行病毒定量 PCR 检测。若存在较高的病毒载量,一般可认为是病毒感染。若属于未知病毒,需要对病灶部位进行超薄切片,使用电子显微镜观察。在确定存在病毒颗粒的情况下,利用细胞培养进行病毒的扩繁,之后通过实验室感染进行验证。未知病毒的检测周期较长,如目前影响尤为严重的大菱鲆"出血病",至今仍无法确定确切病原种类。一般病毒性疾病无特效治疗药物,以预防为主。培育无特定病原的苗种,养殖过程中选择一些免疫增强剂增强鱼体免疫力。一旦出现病情,则减少投喂,调整养殖密度,改善养殖条件,增大水体通气量,增强鱼体抵抗力。若出现发病急、死亡剧烈的情况,应立刻将发病鱼进行隔离或无害化处理,防止传染其他正常群体,并对发病养殖池进行全面消毒、晾晒。

（5）大菱鲆在感染一种病原后,可能会出现继发性疾病。例如,感染弧菌的大菱鲆,由于体表出现伤口、溃疡,经常会出现纤毛虫的继发感染;杀鲑气单胞菌慢性感染会导致大菱鲆出现上皮囊肿症状,囊肿逐渐破裂形成伤口,提高其他病原菌和寄生虫感染的概率;出现"出血病"的大菱鲆,有 20%～30% 的病鱼有其他细菌性病原的合并感染。

三、凡纳滨对虾疾病诊断方法

根据病原的种类,我国养殖凡纳滨对虾传染性疾病的主要种类包括病毒性疾病、细菌性疾病和寄生虫疾病,其鉴别和诊断方法略有不同,一般包括以下步骤。

（一）流行病学背景调查

发生疾病的现场情况:调查疾病发生的时间、地点、范围、发病规模等情况;观察发病凡纳滨对虾的表观症状;记录发病时养殖现场养殖用水和周边环境变化,了解周边养殖场的养殖情况及发病情况;调查苗种的来源,以及其他相同苗种来源的养殖场发病情况。

疾病发生的既往史:该批凡纳滨对虾是否有过发病历史,往年养殖过程中是否出现过类似的症状;发病前后的环境因子、养殖管理等条件是否发生变化;分析疾病发生与既往史之间的关系。

养殖模式与管理条件:分析凡纳滨对虾的养殖模式、换水量、饵料种类、投喂方式和投喂量、溶解氧含量和 pH 等水质条件,查找是否存在引起疾病的不当因素。

药物使用情况:养殖过程中是否投喂过药物,投喂药物的种类、剂量、疗程和疗效等。

（二）取样检查

取死亡不久的凡纳滨对虾,或体表症状明显的濒死个体,同时采集健康个体作为正常样品对照,比较发病个体和健康个体的表观、生理、病理的不同,观察发病个体症状是否一致。向相关疾病检测机构寄送样品时,每种样品一般 10～20 尾。需要注意样品的采集条件和寄送条件:

（1）样品一定选择死亡不久(一般不超过 1 h)的个体或即将死亡的个体。死亡时间较久的个体,其组织、器官腐烂变质,体内腐生微生物大量繁殖,且部分病毒会出现降解,原来所表现的症状已无法辨别,会影响原发病原的确定。

（2）样品采用干净的样品袋存放。

（3）使用保温泡沫箱运输,且需要添加冰袋或冰瓶。夏季运输时选择厚的泡沫箱,增加冰瓶的数量,选择运输较快的渠道,保证样品的新鲜程度。

（三）样品分析和疾病初步诊断

（1）肉眼直接观察发病凡纳滨对虾的表观特征和临床症状,重点检查体色,体表有无附着物,甲壳与上皮结合紧密程度,有无白斑、黑斑、红体情况,有无烂鳃、黄鳃或黑鳃,附肢、触须、尾扇是否发红,有无溃烂、断残情况,胃肠道充盈程度,肌肉透明度,等等。

（2）解剖检查:解剖检查的顺序一般是体表(包括附肢、眼球和甲壳下层)、鳃、血淋巴、肝胰腺、心脏、消化道、淋巴器官、肌肉、排泄器官、神经组织、性腺等。将剪取下的组织器官分别置于不同的玻皿(或其他器皿)上;体表、鳃用清洁海水浸润,体内组织器官用生理盐水浸润,防止干燥和病原生物模糊不清。若上述部位观察到大量寄生虫,则可能是寄生虫感染。

（3）关于细菌性疾病,需要从病灶部位和内脏分离细菌,进行培养、纯化和鉴定,并通过实验室回接感染试验确定病原。一般来讲,体表病灶部位的细菌种类可能较多,需要深入试验确定病原种类。

（4）病毒性疾病的诊断相对较为复杂,大部分难以通过症状、显微镜观察等现场检测手段判断。一般来讲,对于已知病毒,可以将发病个体带回实验室提取核酸,并利用特异性引物进行病毒定量 PCR 检测。若存在较高的病毒载量,一般可认为是病毒感染。若属于未知病毒,需要对病灶部位进行超薄切片,使用电子显微镜观察。在确定存在病毒颗粒的情况下,利用细胞培养进行病毒的扩繁,之后通过实验室感染进行验证。一般病毒性疾病无特效治疗药物,以预防为主。培育无特定病原的苗种。养殖过程中选择一些免疫增强剂,提高对虾免疫力。一旦出现病情,可采取减少投喂、调整养殖密度、增大水体通气量等措施。若出现发病急、死亡剧烈的情况,应立刻将发病对虾进行隔离或无害化处理,防止传染其他正常群体,同时对发病养殖池进行全面消毒、晾晒。

四、藻类病害诊断方法

根据病因及病原种类,我国藻类病害主要分为病原性病害(卵菌性病害、真菌性病害、细菌性病害、病毒性病害)、生理性病害和生物敌害,其鉴别和诊断方法略有不同,一般包括以下步骤。

(一)流行病学调查

发病现场调查:调查发病的时间、地点、栽培面积及发病面积、栽培模式、天气状况、海区环境因子和理化因子;调查病害发生后藻体表观症状、病程、地理发展趋势、蔓延速度;了解苗种来源及附近有无类似病例。

病害发生的既往史:了解当年栽培藻类的病害发生情况及栽培海区往年的病害情况;了解发病前后环境因子的变化,有无极端天气或异常事件;分析病害发生与既往史之间的关系。

养殖模式与管理条件:了解育苗场藻苗清洗、换水及添加营养盐频率,藻类下海、夹苗时间,苗绳干出操作频率及时间,查找是否存在引起病害的风险因素。

应急处理方式:了解出现病害后采取了哪些应急措施,这些措施的使用频率和效果;施用药物的种类、剂量、频率及效果。

(二)采样检查

取患病海区的患病藻体,并取未发病海区的正常藻体为对照。比较患病藻体形态和病理变化,观察有无明显病烂和病斑,记录病斑形态。取样带回时注意采样条件和运送条件:

(1)采集的藻体带原位水体。先采集健康藻体,再采集患病藻体,不要有交叉污染。

(2)样品用干净的采样袋存放。

(3)使用保温泡沫箱运输,根据栽培温度和运输时间判断是否需要添加冰袋。运输时间超过 24 h 的需添加冰袋,并用报纸或泡沫将冰袋与样品袋隔开,避免样品冻伤。

(三)样品分析和病害初步诊断

(1)肉眼观察病烂藻体,记录病斑位置、形状、大小、颜色、数量;观察藻体形态、质地、韧性、颜色、大小有无异常。

(2)用显微镜重点观察病斑或病烂部位细胞形态,有无明显的菌丝和内生菌。根据与已知的病害症状进行比较,初步判断是新发病害还是已有病害。

(3)对于新发病害,通过观察症状和显微形态后,在实验室内模拟自然栽培条件对患病藻体与正常藻体进行共培养,观察病害是否有传染性,判断该病害是病原性的还是生理性的。

（4）对于病原性病害,用灭菌海水清洗共培养感染的藻体后进行细菌、真菌、卵菌的分离、培养、纯化和鉴定,通过实验室内的回接感染试验确定病原。一般来讲,藻体表面特别是病烂藻体的细菌数量和种类可能较多,可以根据藻体细胞壁成分配制培养基进行病原分离,减少次生感染菌的干扰。

（5）藻类病毒性病害报道较少,无法通过症状和显微镜观察判断。需要利用透射电子显微镜,观察细胞内有无病毒颗粒,诊断周期较长。

五、淡水鱼类病害诊断方法

（一）养殖环境检查

一旦有病害发生,首要的是确定大体原因,如判断是感染性病原(病毒、细菌、寄生虫、真菌等)还是条件性病因(水质、营养)等引起。这首先要对池塘环境和设施进行了解。例如,堤坝上草木稀疏、矮小,可能提示土质贫瘠、水体内营养缺乏;堤坝上树木过于高大密集,会影响水生植物光合作用,水质易出现问题;池边飞鸟翔集,一定是已发生或即将出现死鱼现象,需要尽快处理。

影响鱼类健康的环境因素主要有水温、水质、底质等。鱼类是变温动物,体温随外界环境变化而改变。当水温发生急剧变化时,机体容易由于无法及时适应而发生病理变化乃至死亡。所以,春、秋季一般是鱼病高发期;而夏季高温,鱼病往往发生在台风、暴雨前后水环境变化较大的时候。因为鱼类生活在水中,所以很难及时发现其疾病的产生、发展,发现时往往已经开始死亡。一般情况下,在鱼病诊断时,首先要对水质状况进行检测。经过检测,判定水质良好,才可以判定病因可能是病原生物感染。日常池塘管理中也应如此——发现养殖鱼类有异常,首先检测水质。如果水质存在某些问题,应首先根据具体情况对水质进行相应的改良处理,同时采取相应的疾病治疗措施。水质管理要遵循以下程序。

（1）观察水色和浮游植物的变化。水色是水质状况的最直观表现。几乎所有水质化学指标和浮游植物的变化都会通过水色的变化表现出来,而水色的每一种变化都有特定的原因。因此,要注意观察水色的变化,掌握水色的变化规律和日常变化动态。技术人员要对各种情况下水色的变化做到心中有数,一旦发现异常,尽早采取水质改良措施。

（2）观察鱼类活动状态。鱼类活动状态与水质状况有密不可分的关系,水质的变化,特别是水质突变,会引起鱼类异常的行为反应。轻度水质变化,会引起溜边、游动缓慢、不吃食等现象;水质突变时,会引起浮头、泛塘死亡、中毒、游塘、池底死亡等现象。一般情况下,当水质变化至不适于生存的程度时,鱼类首先会出现浮头的现象。

（3）检测水质化学指标。日常池塘管理过程中，除了关注以上两个方面的变化外，还应定期对水体 pH 和氨氮、亚硝酸盐、溶解氧含量等化学指标进行检测，以掌握水质变化的动态。通过连续检测水体化学指标，可以掌握水质的变化动态，判断水质是否符合鱼类正常生长发育的要求。

（4）正确诊断，并采取正确的水质调控措施。在以上三方面分析的基础上，要根据水质变化的原理，综合判断引起水质变化的原因，并采取相应的水质调控措施，使水质保持适宜鱼类正常生长的状态。

（二）外观检查

观察发病鱼的体形、体态、体色、完整性。观察体形，判断有无脊椎弯曲、鳃盖缩短等畸形；观察体态，判断鱼体是否增大、消瘦；观察体色，判断鱼体表是否发黑、发白、发黄、充血等；观察鱼的完整性，主要是看体表有没有脱鳞、溃疡、烂尾、烂鳍、肉瘤、寄生虫等。

（1）皮肤是鱼体最外部的屏障，是覆盖机体最大的器官，往往是细菌、病毒、寄生虫、真菌等病原攻击的靶向器官，也是较容易出现病理表现的器官之一。黏液是鱼体的第一道防线，在鱼类抵抗外来病原入侵中起到重要作用，所以一般黏液中含有引起皮肤病变的病原。检查黏液的时候，首先观察鱼体的黏液是否增多或者减少。然后用棉签或者剪刀刮取一点黏液放在滴有清水的载玻片上或者直接用载玻片刮起，盖上盖玻片，轻轻敲打，制成涂片，在显微镜下观察其中是否有寄生虫、真菌等。

（2）眼睛是裸露在外的器官，也很容易成为病原的靶向器官，所以眼睛会出现很多病症。一般看眼眶是否有出血点，眼球是否凹陷，眼球晶状体是否混浊、水肿、有白内障等。

（3）可以直接用剪刀撑开或者直接用手打开口咽腔，观察内部的情况。主要是检查口咽腔是否有寄生虫，是否充血红肿，有无溃烂、包囊和发黑情况。口咽腔的寄生虫包括锚头鳋、扁弯口吸虫、鱼怪等。

（4）颌下、腹部、鱼鳍、鳍基部等处无鳞片或鳞片较少，容易受到病原的附着、侵袭，而出现红肿、溃疡等病理性症状。而且这些部位由于皮肤较薄，表面毛细血管丰富，充血、出血、溶血等症状容易观察。特别是肛门，检查是否红肿，是否有腹水流出，可以作为预判是否发生肠炎等内脏器官病变的辅助手段。

（三）鳃丝检查

鳃作为鱼类重要的呼吸器官和排泄器官，表面积大，毛细血管丰富，裸露频繁,所以也很容易成为病原的靶向器官而表现出明显的病理性症状,容易观察。

肉眼观察鳃丝是否发红、发白、发黑、红肿,是否糜烂、残缺,有无附着物,黏液是否增多以及有无寄生虫。做鳃丝水浸片,在显微镜下进行检查。用镊子或者手掰开鳃盖,用剪刀剪 1 ~ 3 片鳃丝片放在有清水的载玻片上,用剪刀或者盖玻片将鳃丝分散,盖上盖玻片(注意不要出现气泡),轻轻敲打,使鳃丝组织形成薄薄的片层。做好水浸片后马上检查寄生虫、真菌、藻类、血窦等的存在情况。

(四)腹腔检查

腹腔里有诸多器官。解剖的时候一定要注意,别破坏内脏器官。解剖时,从泄殖孔开始,沿腹中线剪开,直到口边缘。这时把鱼放在解剖盘中,左侧朝上。左手拉腹壁,从肛门斜朝侧线剪开,至侧线则沿测线向前剪到鳃盖后缘,再沿鳃腔下剪至腹中线,取下整块腹腔壁肌肉,让内脏器官整体暴露出来,同时尽量避免外部污染。

(1)腹水。观察腹腔是否有腹水积液、淤血,是否出血,积液的颜色是怎么样的。一般来说,单纯的病毒、寄生虫感染不会出现腹水,只有感染细菌才会出现腹水。腹水的颜色发红,表示感染的细菌有溶血性,感染性比较强;腹水呈黄色则表示细菌感染性弱。

(2)内脏。在实践生产中,最容易从表观观察到病变的器官有肝脏、脾脏、肾脏、肠、鳔等。观察肝脏、脾脏、肾脏等实质性器官是否肿大、发炎、浴血、充血、出血,是否有溃疡、包囊、结节或者变质等临床病变;观察肠道充塞度如何,是否发红充血、出血,是否肿胀发炎,肠壁厚薄,绒毛膜多少,褶皱多少,是否有黄色或者红色的黏液,是否有寄生虫,前后肠的变化等情况;观察鳔壁上的血管是否充血,鳔内是否有寄生虫。

此外要检查脂肪组织的多少,是否有充血、透明、变色等症状;系膜是否粘连、增生、脂肪变形等。

(3)肌肉。肌肉较其他的器官质地紧密,相对不容易感染。解剖时,我们用剪刀从鳃盖的后端插入,沿着两侧中线剪开,用镊子等辅助,将鱼皮整块剪下。观察肌肉颜色的变化,有无溃烂、充血现象,有无出血点、结节、肉芽肿、寄生虫等。

第四部分 主要病害特征及防治措施

一、刺参病害

（一）细菌性烂边病

病原为迟缓弧菌。

1. 发病症状

患病初期，耳状幼体厌食、活力下降。显微镜下观察幼体边缘突起处组织增生，颜色加深变黑，边缘变得模糊不清，逐步溃烂（图4-1、图4-2）。最后整个幼体解体。存活的个体发育迟缓、变态率低。即使幼体能够完成变态，附板1周左右也会因发育不良而成活率低下。

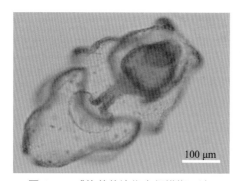
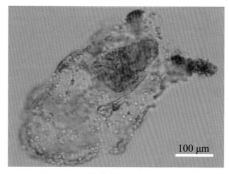

图4-1 感染幼体边缘变得模糊不清　　图4-2 幼体外缘处体壁崩解

2. 流行特点

细菌性烂边病在刺参耳状幼体时期发生，是刺参苗种繁育时期流行较广的疾病。死亡率一般在70%以上，甚至全军覆没。

3. 防治建议

（1）育苗过程中加强水源管理，对育苗用水应进行沉淀、过滤、消毒（紫外线消毒、臭氧消毒）等处理。

（2）降低亲参暂养密度，缩短暂养时间。产卵前应对亲参进行健康检查和消毒处理。

（3）幼体需要经过选优后布池，并控制幼体培育密度。一般培育密度为每毫升 0.1～0.5 个。

（4）预防时使用双氧水按每立方米水体 0.5 mL 的量全池泼洒，2～3 d 使用 1 次。

（5）治疗时，使用恩诺沙星按每立方米水体 1～2 g 的量药浴，隔 1～2 d 使用 1 次，连续使用 2～3 次，直至痊愈。

（二）细菌性烂胃病

病原为灿烂弧菌（图 4-3）、假交替单胞菌。

1. 发病症状

患病幼体摄食力下降或停止摄食，发育迟缓，规格大小不整齐，从耳状幼体到樽形幼体变态率低。显微镜下观察幼体胃壁增厚、粗糙，胃的周边界限变得模糊不清，继而萎缩变小、变形；严重时整个胃壁发生糜烂，最终导致幼体死亡和解体。

2. 流行特点

细菌性烂胃病主要发生在中耳幼体和大耳幼体时期，气温较高或培育密度较大时容易发病，严重时幼体死亡率为 70% 以上。发病原因主要有 4 个方面：一是育苗水质不良。二是投喂的饵料品质不佳，容易造成幼体胃部组织病变（图 4-4）。三是投喂不易消化的单一藻种如扁藻或小球藻，可引起胃部溃疡。四是某些细菌感染幼体。

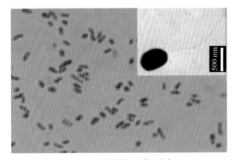

图 4-3 灿烂弧菌形态

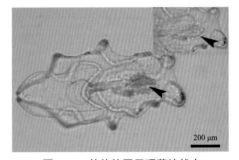

图 4-4 幼体的胃呈现萎缩状态

3. 防治建议

（1）投喂新鲜适口的单胞藻如角毛藻、盐藻、金藻，配合海洋酵母、光合细菌、芽孢杆菌等，满足幼体发育和生长的营养需求。

（2）育苗用水经沉淀、过滤、消毒处理，减少水体中病原数量和有害物质。

（3）合理控制布苗密度，将优选幼体培育密度控制在每毫升 0.1～0.5 个。

（4）预防时使用聚维酮碘按每立方米水体 0.3～0.5 mL 的量全池泼洒，3～4 d 使用 1 次。

（三）稚参化板病

病原为副溶血弧菌、迟缓弧菌等细菌。

1. 发病症状

刺参幼体收缩，触手不伸展，对外界刺激反应迟钝，附着力降低。稚参摄食力下降，在附苗板上"摄食圈"变小。严重感染时，幼体从附苗板上脱落；部分幼体溃烂、解体，在附苗板上留下白色斑点痕迹；用手触摸池底可感触到较多粗糙的刺参骨片。健康稚参和发病稚参见图4-5至图4-7。

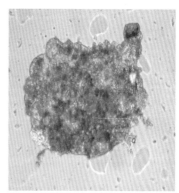

图4-5　波纹板上健康稚参　　　　图4-6　发病稚参　　　　图4-7　显微镜下发病稚参个体

2. 流行特点

稚参化板病多发生在樽形幼体向五触手幼体变态时期和幼体附板后未变色的稚参阶段。该病发病快，传染性强。若控制不当，3～5 d死亡率在90％以上。

3. 防治建议

（1）养殖用水采用二次砂滤并经过紫外线或臭氧消毒处理。

（2）控制饵料质量和投饵量。饵料源应经过严格的微生物检测，保证饵料质量安全。根据幼体摄食状况适时调整饵料投喂量和次数，避免过量投饵。

（3）育苗过程中适时倒池、换板和分苗。

（4）定期使用微生态制剂，改善附苗板的微生态环境，抑制有害菌滋生。

（5）定时镜检观察幼体摄食、活动及健康状况，做到早发现早治疗。治疗时，使用氟苯尼考拌饵投喂，每千克饲料使用量为1～2 g，连续使用5 d。

（四）细菌性肠炎病

病原为哈维氏弧菌等。

1. 发病症状

感染初期，刺参身体萎缩、活动力差、厌食，有摇头现象，在附着基上的"摄食圈"不明显。感染后期,体色暗浊,质量减轻(负生长),有拖便现象,且粪便变浅、呈细碎状(图4-8)。其肠道细而薄,无食物或有少量食物,多数充满黄白色脓状物(图4-9)。将肠道剪断,竖直提起肠道一端,食物和脓状物能从另一端滑出肠道。严重患病个体参体松软、暗浊、活力弱,甚至死亡。

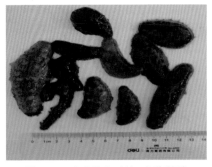
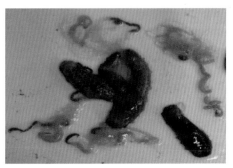

图4-8 病参体色暗浊、参体萎缩　　图4-9 肠道内食物稀薄,有黄白色脓状物

2. 流行特点

细菌性肠炎病为刺参苗种培育期和养成期的常见疾病。以室内工厂化保苗期、浅海网箱大规格培育期发病较为严重,5—9月为发病高峰期。该病属于慢性病,导致刺参生长缓慢,累计死亡率为30%～50%。在培育过程中,出现较多体色暗浊、生长缓慢的"老头苗"与肠炎病有关。

3. 防治建议

(1)苗种培育密度不宜过高,定期倒池、分苗,剔除不良个体。

(2)保持良好培育环境,经常清除池底污物。网箱保苗过程中定期清洗、更换网衣。

(3)选择优质饵料,饲料蛋白质量分数为15%～17%。饵料经有效发酵或臭氧消毒后进行投喂。

(4)饵料中定期添加有益菌剂,或者添加黄芩、五倍子等中草药,调控肠道菌群,抑制有害菌生长。

(5)经常观察刺参活动状态、摄食强度、生长速度等指标,一旦发现早期症状,及时使用氟苯尼考以药浴或口服的方式治疗。药浴用量为每立方米水体1～2 g。口服用量为每千克饲料2 g,5～7 d为一个疗程。

(五)腐皮综合征

病原为灿烂弧菌、假交替单胞菌等细菌。

1. 发病症状

感染初期的刺参多有摇头现象,继而口部肿胀、不能收缩与闭合。感染中期刺参参体收缩、僵直，体色暗浊，肉刺秃钝、变白，体表出现小面积溃疡，大部分会出现排脏现象（图 4-10）。感染末期溃疡点增多，溃疡面扩大，体壁深层溃疡处呈蓝白色（图 4-11）。最后刺参死亡并溶化为鼻涕状的胶体。

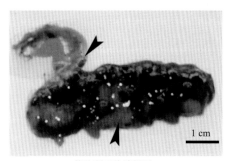
箭头所示为溃烂区
图 4-10　患病参出现排脏现象图

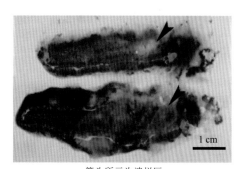
箭头所示为溃烂区
4-11　病参体表出现蓝白色溃烂区

2. 流行特点

腐皮综合征也称化皮病、皮肤溃烂病、围口膜急性肿胀病，是当前养殖刺参较常见、危害较大的疾病之一。刺参苗种培育期和养成期均易感染该病。初冬 11 月至翌年 4 月初是高发期。死亡率在 80% 以上，属急性死亡。

3. 防治建议

（1）购买参苗时应进行苗种健康检查，有条件者应利用显微观察和病原菌检测等手段确认苗种健康程度。

（2）采取"冬病秋治"策略，入冬前后定期施用过硫酸氢钾等底质改良剂氧化池底有机物，改善刺参栖息环境，使刺参安全越冬。

（3）加强日常管理，定时检测水质并观测刺参的生长状态。

（4）饲料中定期添加穿心莲、金银花、黄芩等中草药进行预防处理；发现苗种患病时，及时使用恩诺沙星进行治疗。药浴使用量为每立方米水体 1 ~ 2 g。口服使用量为每千克饲料 2 g，5 ~ 7 d 为一个疗程。

（六）高温热毙症

1. 主要危害

2013 年开始，我国北方特别是山东地区夏季出现持续高温天气，黄河三角洲地区池塘底层水温高于 30 ℃ 以上的情况持续 20 d 以上。水温超过刺参生存的上限，养殖刺参大量死亡（图 4-12）。2018 年，受副热带高气压的影响，辽宁地区出现罕见的高温天气，池塘表层水温 36 ℃，底层水温超过 34 ℃，高温持续 1 周以上。养殖刺参死亡率达 90%，直接经济损失达 68.7 亿元。

2. 防治建议

（1）推广养殖抗高温刺参苗种，提高养殖成活率。

（2）实施池塘的工程化改造。挖深池塘，保持水深 2 m 左右，增设附着基和遮阳网，可为刺参创造良好的栖息环境。

（3）定期对池塘进行收获后的清淤工作，合理控制养殖密度和饵料投放量。利用微生态制剂净化池塘水质和池底环境，预防高温期水质恶化对刺参造成毒害作用。

（4）高温期间，在夜间或凌晨对池塘进行换水，提高池水换水频率，以降低池塘水温。

（5）高温期池塘安装冷能气悬降温装置，可降低池塘水温 3 ~ 5 ℃（图4-13）。

（6）调整刺参养殖策略，通过陆海接力、南北接力、分级养殖、错季养殖等方法躲避高温对养殖成参的影响。

图 4-12　夏季高温刺参大批死亡　　　图 4-13　海参池塘冷能气悬降温装置

（七）大型藻类暴发

1. 主要危害

大型藻类的适当生长会对水质起到净化作用，并且藻类进行光合作用释放氧气可以提高水中的溶解氧含量。然而，当藻类大量繁殖、难以控制时，不仅不会起到净化水质的效果，还会带来许多不利影响。大型藻类的暴发性增殖对刺参的危害包括以下几个方面。

（1）大型藻类的暴发性增殖会大量吸收水体中的营养盐，使水质清瘦、水体透明度增大，影响单胞藻繁殖，进而减少刺参的食物来源，影响刺参正常生长。

（2）大量繁殖的大型藻类会占据刺参的生长空间，阻碍刺参的正常摄食和活动。

（3）大型藻类腐败后覆盖池底，使池底溶解氧含量降低，造成黑底和水质恶化（图4-14、图4-15）。

（4）刺参摄食腐败的藻体还会引起肿嘴和排脏，严重时会发生死亡。

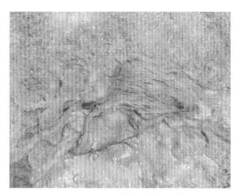

图4-14　刚毛藻造成池底发黑　　　　图4-15　软丝藻腐烂造成水质恶化

2. 防治建议

（1）清塘和消毒。采用彻底清塘和消毒的方法对藻类的孢子（种子）进行清除。

（2）适时调控水质和水色。从3月底4月初开始，肥水，调节水色，降低水体的透明度，抑制大型藻类的萌发和生长。

（3）进行人工捞除及药物处理。一旦大型藻类暴发性增殖，不能盲目使用除草剂、灭藻灵等药物。此时，人工捞除是最安全的控制手段。在捞除大量藻类后及时使用过硫酸氢钾、固态氧、微生态制剂等，以降解藻类碎片、氧化池塘底质，减少腐败藻体对池塘底质和水质的影响。

（八）水丝蚓

1. 主要危害

近年来，在沿海地区的海参养殖池塘中时常出现大量的水丝蚓（俗称红线虫）。水丝蚓穴居于池底泥土中。生物量过大时，其分泌物和排泄物影响刺参栖息，并与刺参竞争饵料，还容易引起夜间缺氧。在生理上，刺参出现活力弱、摄食量减少等现象。因此，水丝蚓较多的池塘，其刺参养殖产量较低，个体也较小、参差不齐。水丝蚓具有天黑后浮到水面的习性（图4-16）。其一般在初春水温逐渐升高后出现，往往也作为水质变坏的一个指征。

2. 防治建议

（1）多年未清淤的池塘，底部有机物的含量较高，容易造成水丝蚓的大量增殖。随着刺参的收获应定期（每2～3年）进行清塘清淤、消毒、曝晒处理。

（2）水丝蚓天黑后浮到水面。此时泼洒漂白粉或敌百虫,剂量分别为每亩[①]池塘 1 kg 和 300～500 g。水面区域化泼洒可适当增加药量,以求快速、有效杀灭水丝蚓。

图 4-16　晚间池塘中水丝蚓爬出洞穴

二、大菱鲆病害

养殖大菱鲆的病害主要包括细菌性疾病、病毒性疾病和寄生虫疾病 3 类。其中,细菌性疾病的病原包括杀鱼爱德华氏菌、杀鲑气单胞菌、弧菌、副乳房链球菌、海分枝杆菌等。其中,影响最为严重的是杀鱼爱德华氏菌病,即腹水病。在大菱鲆"出血病"出现之前,50%左右的大菱鲆发病损失是由杀鱼爱德华氏菌造成的。其次是杀鲑气单胞菌病,发病损失的 20%～30% 为该病造成。弧菌病在大菱鲆幼苗期非常常见,夏季高水温期弧菌也是大菱鲆的主要病原。副乳房链球菌和海分枝杆菌主要造成大菱鲆慢性感染,引起免疫力降低,导致更多的继发性感染。海分枝杆菌仅见于夏季水温高于 20 ℃且高温长期持续的情况。

病毒性疾病包括虹彩病毒病和"出血病"。虹彩病毒病由大菱鲆虹彩病毒引起,一般在夏季高温期发病,近年来发病率较低。"出血病"是近年来影响最为严重的疾病,已经变成大菱鲆产业发展的主要制约因素。

寄生虫疾病的病原包括纤毛虫、鞭毛虫和刺激隐核虫。水源污染是导致寄生虫病的重要原因。纤毛虫可以在地下水中长期存在,海区的外海水中可能含有刺激隐核虫孢子。

（一）杀鱼爱德华氏菌病

病原为杀鱼爱德华氏菌(原名迟缓爱德华氏菌或迟钝爱德华氏菌)。

1. 发病症状

病鱼行动迟缓、摄食能力减弱、食欲缺乏。幼鱼期患病大菱鲆常见臀鳍及尾

---

① 亩为非法定单位,但因生产中常用,本书保留。1 亩 ≈ 666.67 平方米。

部颜色发黑,呈现黑白分明的分界线。腹部暗红、肿胀。肛门红肿,严重时肠道从肛门脱出。吻部、眼球、腹面出血。眼部周围肿大,眼球凸出或混浊。解剖后可见腹腔有脓状或带血样腹水;胃部出血;脾脏、肾脏肿大;肝脏与腹膜粘连,出现暗红、苍白、出血、坏死等病症(图4-17)。

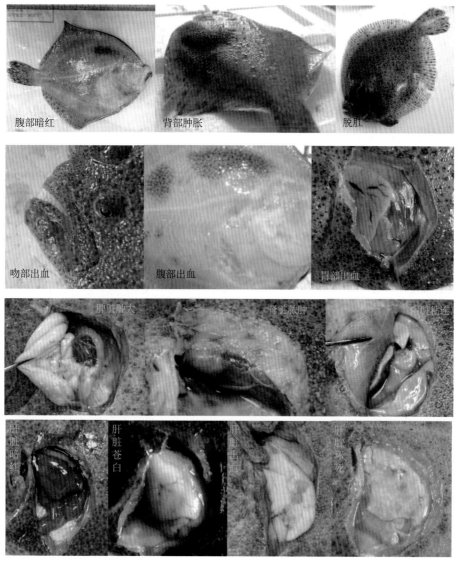

图4-17　大菱鲆杀鱼爱德华氏菌病症状

2. 流行特点

杀鱼爱德华氏菌病在大菱鲆的苗期和养成期均可发生,属大菱鲆常见病。全年皆可发生,8—9月高水温期(18 ～ 20 ℃)尤易发生。死亡率在80%以上。对大菱鲆易感性较高。不同月龄的个体,在不同季节均可感染。由杀鱼爱德华氏菌引起的鱼类病害常与水温升高、水质下降等环境因素密切相关。

3. 防治建议

养殖过程中应加强卫生管理,保持养殖用水清洁。选择新鲜、无污染饵料,避免投喂不新鲜的杂鱼。定期对养殖车间和工具消毒(次氯酸钠溶液浓度＞50 mg/L)。及时隔离病鱼以防传染。杀鱼爱德华氏菌为胞内寄生病原,抗生素等药物防控疗效甚微。目前,国内已成功研发针对杀鱼爱德华氏菌的活疫苗(EIBAV1株),该疫苗能够高效防控由杀鱼爱德华氏菌所诱发的腹水病。

(二)杀鲑气单胞菌病

病原为杀鲑气单胞菌。

1. 发病症状

嘴部、鳃盖底部、头部出血、发红,幼鱼可能伴随鱼鳍出血、发红。后期出血区域轻微溃烂,眼球红肿。养殖密度较高或慢性发病时皮肤出现红色点状的囊肿,严重时可出现溃烂,形成不同程度的溃疡并伴随出血。解剖可见肝脏出血及有瘀斑,脾脏、肾脏肿大,少数伴有腹水、肠炎、胃部充水(图4-18)。

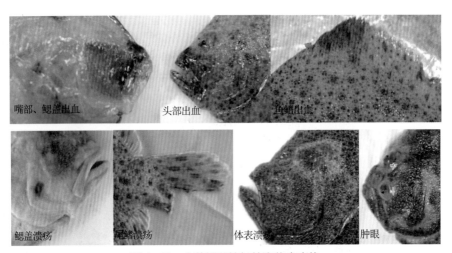

嘴部、鳃盖出血　头部出血　鱼鳍出血

鳃盖溃疡　尾鳍溃疡　体表溃疡　肿眼

图4-18　大菱鲆杀鲑气单胞菌病症状

2. 流行特点

杀鲑气单胞菌病是大菱鲆冬季的常见疾病,近两年夏季感染病例也在增加。杀鲑气单胞菌能够感染各种规格的大菱鲆,在水温低于11 ℃、鱼密度较高时,200 g以上的鱼一般多为慢性感染,主要症状为多发性上皮囊肿,死亡率较低,但持续时间久。在水温较高时或对于200 g以下的小鱼,多呈现急性感染,症状表现为头部、鱼鳍发红,死亡率较高。

3. 防治建议

加强常规管理,保持良好水质。适时分池,调整养殖密度。加强饲养管理,投喂优质饲料,可定期拌饲投喂植物源免疫增强剂。当发现病症时,及时隔离伤口明显的病鱼。对于患上皮囊肿初期的鱼,可以采用使用聚维酮碘等消毒剂浸泡的方式治疗。抗生素类药物中,氟苯尼考是杀鲑气单胞菌的首选药物。另外,可以根据药敏试验,选择磺胺类(复方磺胺二甲嘧啶粉、复方磺胺甲噁唑粉)、四环素类(盐酸多西环素)、喹诺酮类(恩诺沙星)等药物。

(三)弧菌病

主要病原是鳗弧菌、哈氏弧菌、溶藻弧菌、创伤弧菌和大菱鲆弧菌等多种。

1. 发病症状

主要症状有体色发黑,腹部红肿,鱼鳍、鱼尾溃烂,鳍、嘴部、鳃盖及眼部等出血或全身性肌肉出血,腹部尤其明显。垂死的病鱼则表现为厌食、游动无力,鳃丝呈灰白色。解剖可见肝脏出血并伴有坏死区,肠肿胀并充满黏液,肠壁发红或充满血丝(图4-19)。

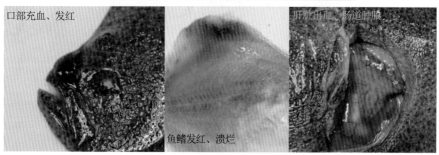

图4-19　大菱鲆弧菌病症状

2. 流行特点

在鱼苗中弧菌病致死率高,发病速度快。若不及时控制,3 d左右即可导致

50％以上的死亡率。夏季和秋初等水温较高的季节是弧菌病的高发期。捕捞作业造成的机械伤口会成为弧菌感染的重要途径，且弧菌病在运输和倒池后容易发作。另外，水源不足、水质较差、投喂量过大及降雨引起的水质突变均可以导致弧菌病的流行。

3. 防治建议

加强常规管理，保持良好水质。加强饲养管理，投喂优质饲料，避免投喂不新鲜的鲜杂鱼，以防引入病原。在水温过高、降雨、水质差等条件下减少或停止投喂。分鱼、运输等捕捞过程中使用表面光滑的器具，注意操作，防止擦伤鱼。

目前国内已有商业化的大菱鲆鳗弧菌疫苗——大菱鲆鳗弧菌基因工程活疫苗（MVAV6203株），可通过浸泡、腹腔注射方式接种免疫。

在弧菌病暴发时，需及时使用抗生素等化学药物进行治疗，如恩诺沙星、多西环素，并根据药敏试验结果调整用药方案。对于肠炎、白便等慢性弧菌感染症状，可采用蒙脱石散等药物通过拌料投喂的方式治疗。

（四）副乳房链球菌病

主要病原为血清Ⅲ型副乳房链球菌。

1. 发病症状

眼球凸起，四周形成白色脓肿圈，后期可能出现出血发红的症状。背鳍基部出现白色脓肿凸起，初期鳍条完整，后期发生整体溃烂破损。病鱼停止摄食，游动缓慢并离群。解剖可见肝脏苍白，脾脏肿大，肠、胃充满透明液体（图4-20）。

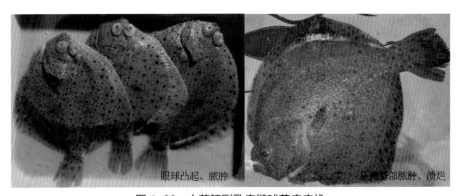

眼球凸起、脓肿　　　　　　　　　　　背鳍基部脓肿、溃烂

图 4-20　大菱鲆副乳房链球菌病症状

2. 流行特点

副乳房链球菌病在大菱鲆的苗期和养成期均可发生。全年均可发生。以慢性感染为主，日死亡率较低，但持续期久，甚至可持续整个养成周期。夏季水温较高时病情较重，死亡率较高，冬季死亡率略低。

3. 防治建议

采用合理的养殖密度,保证溶解氧含量在 8 mg/L 以上,避免缺氧应激。减少不必要的捕捞操作,规范养殖管理。及时将眼球凸起、鱼鳍脓肿等体表症状明显的病鱼捞出并进行无害化处理,降低病原传播速度。在发病后可采用降低养殖密度和加大通气量的方法提高大菱鲆抵抗力。发病鱼可采用革兰氏阳性菌敏感型抗生素进行拌料投喂治疗。

(五)海分枝杆菌病

病原为海分枝杆菌。

1. 发病症状

发病鱼体表无明显症状,但缺乏活力,食欲缺乏,不聚在一起,称"散群",偶见白便。解剖可见脾脏、肾脏出现散在的白色结节,并伴有肠炎等症状。其中,白色结节为该病的典型特征(图4-21)。

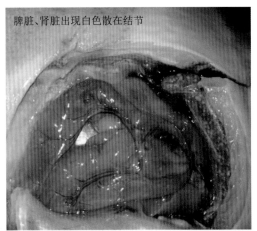

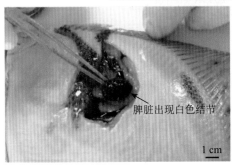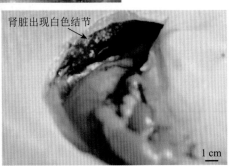

图4-21   大菱鲆海分枝杆菌病症状

2. 流行特点

该病为慢性感染,感染周期极长。一般在夏末水温超过 20 ℃ 以后发病。当水温下降至 18 ℃以下时,该病可自愈。

3. 防治建议

选择水温低、水量充足的地下水作为养殖水源。可在夏季高温前 1 个月,拌饲投喂植物源免疫增强剂提高鱼体免疫力,降低发病概率。

该病无有效药物治疗方案。抗生素治疗带来的副作用反而会加重病情。有条件的养殖场可采用制冷机降低水温,使该病自愈。

温度超过 20 ℃时减少或停止投喂,并增加通气量,降低养殖密度,减少发病应激。

(六)虹彩病毒病

病原为大菱鲆虹彩病毒。

1. 发病症状

患病大菱鲆摄食量少或不摄食,活力弱,呼吸缓慢,分散伏于养殖池四周或在水面附近缓慢游动。病鱼在出现以上症状后很快死亡。"红体"是该病的主要外观症状。患病大菱鲆体表、鳃通常无明显损伤或溃烂,但有眼侧体色加深,无眼侧脊椎骨沿线皮下有淤血、发红,背鳍、臀鳍、尾鳍、胸鳍充血或弥散性出血(图 4-22)。病情严重时病鱼无眼侧呈粉红色或暗红色,故称之为"红体病"。病鱼贫血,鳃丝呈暗灰色。解剖可见病鱼血液量少、稀薄、颜色浅,凝血时间长,血液凝固性差。病鱼胃和肠道水肿严重,消化道内无食物,有时有黄色、白色胶状物质。病鱼胃壁黏膜下出血,肠壁点状出血,直肠有时严重发炎充血。病鱼肝脏易碎;脾脏略显肿大,呈暗红色;肾脏肿大,呈灰白色。

图 4-22　大菱鲆虹彩病毒病症状

2. 流行特点

虹彩病毒病主要危害养成期的大菱鲆,但在鱼苗和亲鱼中也有发生。发病鱼全长一般为 10 ～ 20 cm,体重为 100 ～ 400 g。在工厂化养殖大菱鲆中,该病在养殖期的各个月份均可以发生,高发季节为每年的 8—12 月。流行水温为 16 ～ 20 ℃。

3. 防治建议

加强苗种中大菱鲆虹彩病毒的检疫,对病毒检测阳性的苗种予以销毁。在养殖过程中尽量使用配合饵料,避免使用未经检疫的冰鲜小杂鱼投喂大菱鲆。

（七）"出血病"

"出血病"又称急性出血症、病毒性出血病。目前该病病原尚未确定,推测为某种新发病毒。

1. 发病症状

"出血病"在2020—2021年,大菱鲆"出血病"主要表现为急性发作,称为急性出血症。感染初期大菱鲆无任何异常,摄食、游动正常。发病前养殖池表面泡沫突然增多,大菱鲆摄食明显下降甚至不摄食,游泳无力。泡沫增多持续3～5天,之后大菱鲆死亡率大增,死亡高峰持续1周左右,累积死亡率超过90%。病鱼背鳍、腹鳍、胸鳍多处鳍条出血,部分溃烂,病鱼出水后出血现象更为明显(图4-23)。肝脏苍白并伴有少量腹水(图4-23)。少量鱼可见肌肉出血点(图4-23)。一个鱼池出现症状后,迅速传染至其他鱼池。经过1～2个月的传播,整个鱼棚病情严重,死亡率在80%以上。

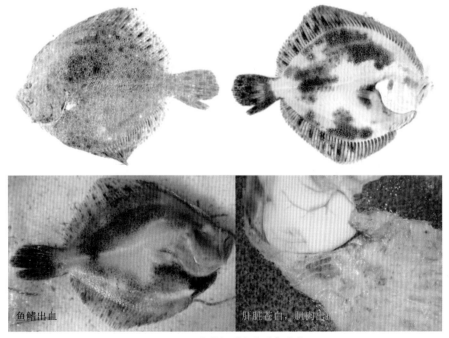

鱼鳍出血　　　　　　　　　　肝脏苍白、肌肉出血

图4-23　大菱鲆"出血病"症状

2022年,大菱鲆"出血病"更多地表现为亚急性发病或慢性发病,养殖池中泡沫增多,症状与急性发病相似,死亡速度减缓,但累积死亡率依旧较高。

2. 流行特点

"出血病"主要感染养成期大菱鲆。急性发病期间病程短、传染性强、死亡率极高。5月以后为疾病高发期,发病时养殖水温通常为16 ℃以上。温度越高,病情越严重,传播速度越快。病程进展迅速,从发病到大量死亡约1周。发病后10 d内发病池塘的鱼基本全部死亡。该病2019年年底在江苏连云港地区出现,2020年年初蔓延至山东乳山、日照等地。山东2020年夏季多个主养区均有发病,2021年、2022年大范围发病,危害日趋严重。

3. 防治建议

目前尚无有效防治药物。抗生素或消毒剂基本无效,甚至会加快死亡。需加强养殖工具定期消毒。养殖人员固定工作鱼棚,不串棚。对外来活鱼运输车辆和工具严格消毒,做好隔离防护。避免购买来源不明的鱼。对进入养殖场的外来鱼,进行严格隔离观察。在饵料中添加破壁酵母、多糖等免疫增强剂,提高鱼体免疫力。使用膨化饵料,不投喂冰鲜杂鱼。加大巡池力度,密切观察鱼群情况,及时清除病鱼、死鱼,并尽快进行无害化处理。勿随意使用抗菌药物,使用漂白粉等常规消毒剂对发病养殖池、生产用具彻底消毒。对发病养殖池,清空后清洗、消毒、曝晒,1个月内禁止启用。

(八)纤毛虫病

主要病原为盾纤毛虫,其可感染包括大菱鲆脑组织在内的大部分内脏器官。

1. 发病症状

感染初期鱼体出现白斑,体色发黑,黏液增多。随着病情发展,体表、鳍、鳃盖内侧发红,病灶处组织红肿。严重时鱼的躯干部皮肤也会出现病灶,直至溃烂、出血。鳃丝发白,黏液增多。病鱼一般体色变暗,活力减弱,摄食量减少或停止摄食,生长减慢;在育苗池或养殖池中分布散乱,脑部感染后常出现打转游动、不安狂动、上浮狂游等现象。解剖可发现鳃丝、肝脏褪色,肠松弛,腹腔有积液。镜检体表溃烂组织及鳃丝,可见大量活泼游动的盾纤毛虫。(图4-24)

2. 流行特点

该病在苗期、养成期和亲鱼期均可发生。养殖密度过大、投饵过量等导致池水富营养化时,或养殖过程中生产操作不慎造成鱼体表损伤且水中存在大量盾纤毛虫时,极易引起病害发生。多发生于细菌(如弧菌)感染后。夏末秋初水温14～20 ℃时为高发期,13 ℃以下发病率低。此病传染快,死亡率在60%以上。鳃丝、鳃盖膜、眼周和鳍部组织为盾纤毛虫的易感区域。

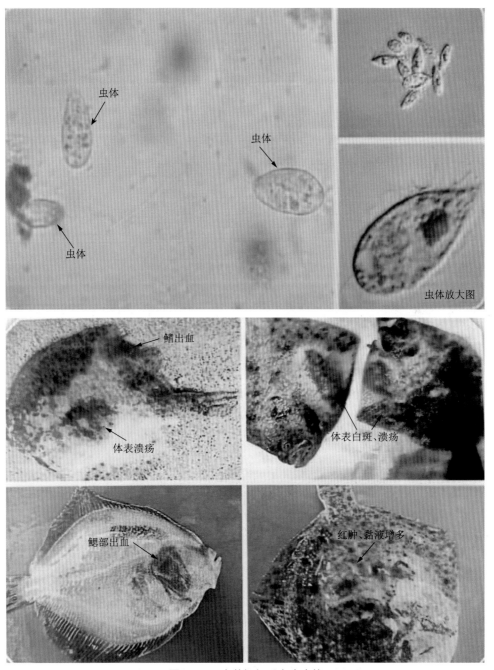

图4-24　大菱鲆纤毛虫病症状

3. 防治建议

养殖、育苗用水要经过严格过滤或消毒处理,避免虫体随水进入养殖系统。加强吸污和换水等日常管理,增加换水量,清除有机碎屑,保持池底、水体清洁。

保持合理的培苗密度。

该病以预防为主。发病初期,盾纤毛虫在鱼体浅表时还可治愈。一般采取药浴方式处理。例如,使用 20 ～ 100 mg/L 的戊二醛溶液每天药浴 2 h,连续药浴 3 ～ 5 d。动纤类寄生虫一般在傍晚从鱼体脱落,寻找新的宿主。可以选择在下午 5—7 点进行药浴,提高杀虫效果。若纤毛虫通过体表溃烂处或鳃丝进入脑、肝脏等器官,则无有效治疗方法。

(九)刺激隐核虫病

病原为刺激隐核虫。

1. 发病症状

刺激隐核虫病,又称为"白点病",典型症状为体表和鳃丝出现大量白点(图 4-25)。 该病传播速度快,属急性疾病,往往呈暴发趋势。患病初期鱼摄食减少,体色出现明显变化(或变淡或变黑);患病后期鱼完全停止摄食,体表和鳃丝出现大量白点。偶发肠道透明并充水肿胀等典型腹水病特征。

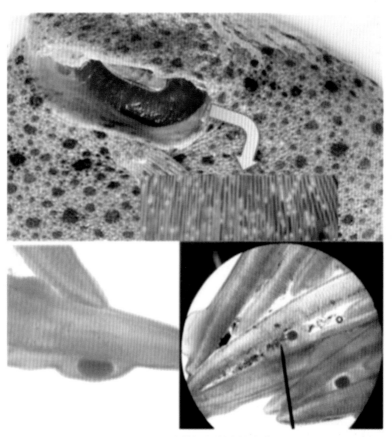

图 4-25　大菱鲆刺激隐核虫病

2. 流行特点

该病在苗期、养成期和亲鱼期均可发生。夏季发病率高。水源是此病发生的关键环节。由于地下半咸水资源严重枯竭,部分养殖场只能使用混合水源,有些养殖场换水量不足。这导致该虫进入大菱鲆养殖池,使得大菱鲆的养殖环境变差,且池底、池壁上的包囊不易清除,导致该疾病暴发。

3. 防治建议

经常检查和维护浅滩井口,防止海水进入引入病原,避免使用外海水。在发病初期且鱼的体质较好的情况下,使用硫酸铜和硫酸亚铁合剂进行药浴治疗。当鱼感染严重且体质较差时采用这种方法虽可杀灭虫体,但鱼很难恢复健康。

三、凡纳滨对虾病害

养殖凡纳滨对虾的病害主要包括病毒性疾病、细菌性疾病和寄生虫疾病 3 种类型。病毒性疾病主要包括白斑综合征、桃拉综合征、偷死野田村病毒病、十足目虹彩病毒病、传染性皮下及造血组织坏死病;细菌性疾病主要有急性肝胰腺坏死病、红腿病;寄生虫疾病中危害较大的是虾肝肠胞虫病。

（一）白斑综合征

病原为白斑综合征病毒。

1. 发病症状

病虾停止摄食,行动迟钝,体弱,弹跳无力,漫游于水面或伏在池边、池底不动,很快死亡。病虾体色往往轻度变红或者呈暗红色或红棕色,部分虾的体色不会改变。发病初期可在头胸甲上见到针尖样大小白色斑点,数量不是很多,头胸甲不易剥离。病情严重的虾体较软,白色斑点扩大甚至连成片(图 4-26)。严重者全身都有白斑;部分虾肌肉发白;空肠、空胃;头胸甲易剥离;肝胰腺肿大,颜色变淡且有糜烂现象;血凝时间长,甚至不凝。

2. 流行特点

白斑综合征主要危害对虾幼虾及成虾养殖期。对虾感染率达 11%,死亡率在 90% 以上。流行于我国及东南亚各国沿海。18 ℃以下为隐性感染,水温 20 ～ 26 ℃时发病猖獗,为急性暴发期。

3. 防治建议

（1）做好池塘的清淤、消毒及培藻工作。

（2）选择健康无病毒的虾苗。

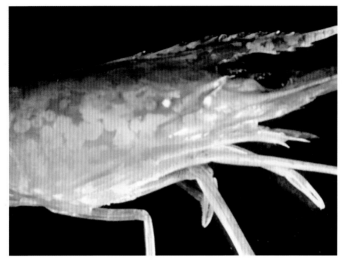

图 4-26　白斑综合征

（3）饲养管理过程中要注意水色及各种理化因子的变化，一般采用亚硝酸盐降解灵等保持水体的相对稳定。

（4）投喂营养全面的颗粒饲料。饲料中添加维 C、免疫多糖、生物酶添加剂等提高虾的免疫力。

（5）应及时捞出病死虾并用深埋法或化尸法进行无害化处理。

（6）发病池塘清塘时，养殖废水需使用生石灰按每立方水体 0.25 kg 的量处理 12 h 再排放。清塘后需利用上述消毒措施等对养殖池塘、设施和用具进行彻底消毒。

（二）桃拉综合征

病原为桃拉病毒。

1. 发病症状

病虾不吃食或少量吃食，在水面缓慢游动。在特急性到急性期，幼虾身体虚弱，甲壳柔软，消化道空无食物，在尾节和附肢（尤其是尾肢、腹肢）上会有红色素沉着，有时整个虾体表都变成红色（图 4-27）。较大规格的病虾步足末端有蚀断、溃疡现象，两根触须、尾扇、胃和肠均变红；胃和肠肿胀；肝胰腺肿大、变白。透过部分病虾的甲壳，发现肌肉由原来的半透明状变得白浊，尤其是腹部末端，似甲壳与肌肉呈分离状。部分病虾的头胸甲处出现白区。镜检发现甲壳和胃、肠壁压片红色素细胞扩散。感染初期大部分病虾头胸甲有白斑，久病不愈的病虾甲壳上有不规则的黑斑。

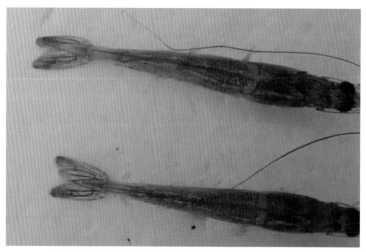

图 4-27 桃拉综合征

2. 流行特点

桃拉综合征是凡纳滨对虾特有的病毒性疾病。其病原系随着我国从国外引进凡纳滨对虾亲虾而传播到我国的大陆及台湾地区的。凡纳滨对虾幼体对桃拉病毒高度易感,累计死亡率超过 95%,感染后的存活个体终生带毒。大部分虾池在换水后出现感染。

3. 防治建议

(1)彻底清淤,保持虾池水清洁。

(2)繁育时选用经检验不带病原的健康虾作为亲虾。

(3)调控水质,保持虾池水质稳定。定期用底质改良剂改善底质,进行水体消毒。

(4)在饲料中添加维生素 C 等活性物质或免疫增强剂,提高对虾抗病能力。

(5)检测结果呈阳性的亲虾和商品养殖虾必须进行无害化处理。

(三)偷死野田村病毒病

病原为偷死野田村病毒。

1. 发病症状

病虾游泳足内神经和肌肉被病毒破坏,游泳能力下降,主要在池底深水区陆续死亡,不容易被养殖者观察到。因此,该病又被称为"病毒性偷死病"或"偷死病"。病虾表现出肝胰腺颜色变浅、甲壳变软、空肠、空胃、生长缓慢等症状,有时还可见病虾腹节肌肉不透明或局部发白(图 4-28)。病虾在病毒急性感染期会因缺钙而出现甲壳变软的情况,因此,甲壳软的现象在发病群体中较为普遍。

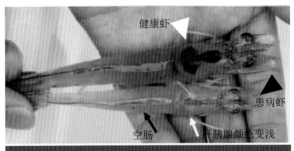

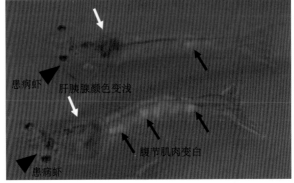

图 4-28　偷死野田村病毒病

2. 流行特点

经口感染是该病感染和传播的主要途径。亲虾中的病毒可垂直传播至子代。一般放苗 30 d 后可能出现症状,较高死亡率发生于水温高(28 ℃以上)和环境急剧变化时。室外池塘养殖模式下,发病对虾持续死亡,一直到收获期,累计死亡率可达 80%。工厂化养殖模式下,发病虾群体中较大比例(30%～50%)个体出现甲壳变软的典型症状,但病虾死亡率一般较低,仅在养殖条件突然变化时出现较高死亡率。

3. 防治建议

(1)加强对亲虾、幼体或虾苗的检疫,利用无特定病原(SPF)亲虾进行苗种繁育。

(2)采购检疫合格的种苗,并进行 2～4 周的苗种高密度标粗、检疫。经标粗、检疫,无发病的合格虾苗才能投放养殖。

(3)对养殖场、养殖池塘和养殖设施进行严格消毒处理。

(4)养殖过程中推荐采用商品化饲料,避免投喂冰鲜饵料。

(5)避免近缘虾、蟹的混养,减小疫病跨宿主传播的风险。

(6)饲料中定期拌喂免疫多糖、有益微生物等制剂提高虾的免疫力。

(7)疑似发病情况下,保持水体溶解氧、氨氮等的含量处于良好状态,维持水体温度、pH 和盐度等水质指标稳定,可降低病虾的死亡率。

（8）室内工厂化养殖对虾发病早期,可通过适量补充氯化钙,同时施用五黄粉进行治疗性补救。

（四）十足目虹彩病毒病

病原为十足目虹彩病毒。

1. 发病症状

发病虾类会出现肝胰腺颜色变浅、空肠、空胃、活力下降等症状,还有一些病虾有黑脚的症状(图4-29)。养殖凡纳滨对虾感染后死亡率在80%以上。

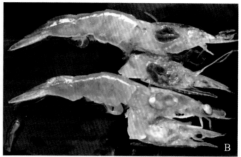

A. 健康虾(左边2条)和发病虾(右边3条)外观对比;B. 健康虾(上)和发病虾(下)头胸部对比

图4-29　十足目虹彩病毒病

2. 流行特点

感染阶段为仔虾期到亚成虾期,体长在4～7 cm时,病毒检出率最高。养殖水温16～32 ℃均有病毒感染发生,其中27～28 ℃时最易发病。疫病的高发期集中在4—8月。海水、半咸水和淡水养殖环境均可发病。可通过养殖对虾粪口途径、同类相食等水平传播。甲壳类近缘品种混养和带病毒苗种的流通是该病快速传播的重要原因。

3. 防治建议

（1）对养殖场、养殖池塘和养殖设施进行严格消毒处理。

（2）采购检疫合格的种苗,并进行2～4周苗种高密度标粗和检疫。经标粗、检疫,无发病的合格虾苗才能投放养殖。

（3）根据种苗健康水平和设施条件,科学设置养殖密度。

（4）避免投喂冰鲜或鲜活饵料,杜绝饵料引入病毒的风险。

（5）避免近缘虾蟹的混养,适当开展鱼虾混养,降低池塘发病风险。

（6）适当拌喂有益微生物和提高免疫力的营养补充剂。

（7）疫病发生的情况下,应保持水体的高溶解氧、低氨氮和低亚硝氮状态,维持养殖水体温度、pH和盐度等指标的稳定。

（五）传染性皮下及造血组织坏死病

病原为传染性皮下和造血器官坏死病毒。

1. 发病症状

患病幼体摄食减少,常浮于水面,甲壳出现白色或淡黄色斑点(图4-30)。濒死对虾畸形,体色明显变蓝(图4-30),腹部肌肉混浊,会在池中慢慢升起,静止一会儿后翻滚,接着腹部朝上沉入池底。成虾感染后一般无症状。

图4-30　传染性皮下及造血组织坏死病

2. 流行特点

该病1981年在南美洲的厄瓜多尔出现,在东南亚、中东地区流行,在我国也有较高的发生率。该病主要危害仔虾和幼虾。累计死亡率为80%～90%,但未见严重的急性流行。

3. 防治建议

（1）选用无病毒虾苗,切断病原传播途径。

（2）投苗前肥水,保持高溶解氧状态,改善生态环境。

（3）在饲料中添加维生素类、益生菌类和保肝类物质及抗病毒中药。

（六）急性肝胰腺坏死病

病原为副溶血弧菌、哈维氏弧菌及其他少数种类的弧菌。

1. 发病症状

患病对虾在水体上层缓慢游动,体色转成暗红色,肝胰腺变白,空肠、空胃或肠内容物不连续。发病后期肝胰腺表面常可见黑色斑点和条纹(图4-31)。因临床症状及死亡最早始于放苗后1周左右,该病曾被称为早期死亡综合征(EMS)。

2. 流行特点

易感宿主种类包括凡纳滨对虾和斑节对虾。通常在养殖池放苗(仔虾或幼虾)

后的 7 ～ 35 d 发生并引起高死亡率(最高达 100％)。可通过浸浴、投喂(经口)和共居等方式水平传播。受感染的对虾经过冷冻处理后传染性大大降低。

图 4-31　急性肝胰腺坏死病

3. 防治建议

(1)对养殖设施、池塘、工具等进行消毒处理。

(2)采购检疫合格的种苗,并进行 2 ～ 4 周的种苗高密度标粗和检疫。经标粗、检疫,无发病的合格的虾苗才能用于养成期养殖。

(3)控制好早期的饲料投放量,应确保养殖虾类在 1 h 内吃完饲料,严格避免饲料残留;避免投喂鲜活饵料。

(4)适当混养或者套养罗非鱼、梭鱼等杂食性"活底"鱼类,保持池底清洁,降低发病风险。

(5)适当拌喂有益微生物、有机酸和提高免疫力的营养补充剂。

(6)养殖池水中泼洒蔗糖、红糖、糖蜜等,促进有益微生物生长;可进行有益微生物的池边简易发酵和泼洒。

(七)对虾红腿病

病原为鳗弧菌、副溶血弧菌、溶藻弧菌、气单胞菌、假单胞菌等。

1. 发病症状

病虾附肢变红,尤以游泳肢最明显(图 4-32)。病虾在水面缓慢游动、旋转或进行上下垂直游动。

2. 流行特点

对虾红腿病可以分为生理性病变和病理性病变两种。病理性红腿病是由弧菌或气单胞菌等属的一些种类侵入对虾血淋巴中并大量繁殖而引起的。但营养不良和环境条件变劣能加重病情。全国各养殖地区都有发生。此病蔓延速度快，死亡率很高。

图 4-32　对虾红腿病

3. 防治建议

（1）每日 1 次、每千克虾拌饵投喂氟苯尼考粉 0.1 ～ 0.15 g，连用 3 ～ 5 d。

（2）大蒜去皮捣烂，加入少量清水搅匀，按饲料质量的 1% ～ 2% 拌入配合饲料中，连续投喂 3 ～ 5 d。

（3）在口服上述抗菌药物的同时，使用三氯异氰脲酸粉、漂白粉等含氯消毒剂进行水体消毒。

（八）虾肝肠胞虫病

病原为虾肝肠胞虫。

1. 发病症状

对虾感染后不表现出明显的疾病症状，摄食正常，肠、胃充盈，不出现大批死亡；严重时肠道发炎，肝胰腺萎缩、发软，颜色变深，个别病虾可排白便。病虾生长速度缓慢或停滞，但个体差异大，50% ～ 60% 的对虾体重停滞在 4 ～ 5 g（图 4-33）。

图 4-33　虾肝肠胞虫病

2. 流行特点

该病可感染所有生活阶段的对虾，水温 24 ～ 31 ℃时的感染率较高。粪口感染是养殖池塘中该病传播的主要途径，携带该病原的对虾粪便可通过污染养殖水体、饵料而使该病在群体中快速传播。该病原也存在从凡纳滨对虾亲代到子代的垂直传播。

3. 防治建议

（1）严格挑选亲虾，发现带病者废弃不用。

（2）发现病虾、死虾及时捞出并销毁，防止被健康虾吞食。

（3）做好虾池清淤和调水工作，降低养殖水体有机物的含量，尽可能地降低重复感染的概率。

（4）可以辅助用水溶性大蒜素或者抗生素（尽可能不使用）预防继发性的细菌感染，降低对虾的死亡率。

四、紫菜病害

紫菜栽培和育苗的病害主要包括病原性病害、生理性病害和生物敌害三大类。其中，病原性病害包括卵菌性病害、细菌性病害、真菌性病害和病毒性病害。卵菌性病害包括紫菜腐霉引起的赤腐病和拟油壶菌引起的拟油壶菌病。这两种病害是紫菜栽培期最常见和造成损失最严重的病害，暴发将导致 30% ～ 50% 的产量损失。细菌性病害包括嗜盐菌类引起的贝壳丝状体黄斑病和假交替单胞菌、弧菌、假单胞菌、黄杆菌、科贝特氏菌引起的绿斑病。黄斑病如果在采苗前暴发会导致育苗场绝产。栽培期绿斑病暴发一般造成 10% ～ 30% 的产量损失，但一旦同时发生赤腐病和拟油壶菌病，损失将为 80% 以上。真菌性病害主要是贝壳丝状体白斑病，一旦暴发造成 20% 以上损失。病毒性病害报道较少，目前只有叶绿体病毒引起的紫菜绿斑病。生理性病害主要表现为光照、温度、污染物、营养盐等环境条件异常变化导致的贝壳丝状体退壳、鲨皮和绿变，以及叶状体卷曲、白腐、缩曲和癌肿等。敌害生物主要包括蓝藻、硅藻、绿藻等。

（一）赤腐病

病原为紫菜腐霉。

1. 发病症状

患病叶片最初出现多个针尖状红色斑点。随着病程发展，斑点逐渐扩大联合，形成直径 5 ～ 20 mm 的圆形病斑，病斑中心从红锈色变为青色或青白色，周缘呈红色，与正常紫黑色部分界限明显。患病严重的紫菜整体呈现青白色，易随水流从网帘脱落。显微镜下观察病斑内细胞被菌丝穿过，细胞萎缩死亡，藻红素溶出，

颜色变为青绿色。病斑中央处细胞色素体消失,呈空泡状。病斑周缘溶出的藻红素形成针状结晶,沉积在细胞间隙。(图4-34)

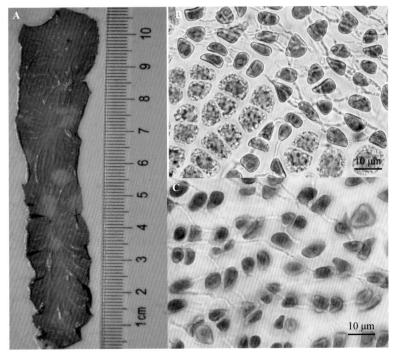

A. 紫菜出现圆形病斑;B. 菌丝穿透细胞;C. 藻红素溶出

图4-34 赤腐病

2. 流行特点

赤腐病在整个栽培过程都可出现,常发生于每年10月至翌年1月。根据外部条件的不同,该病从病症出现到病势达到最盛需要2 d至3周。赤腐病的暴发与温暖、弱南风、多雨雪的天气有极大关联。如果有患病征兆,在降水后1周左右病势达到最盛。从海区调查的情况看,整体呈现由南至北、由低潮区向高潮区、由网帘中部向边缘、由成叶向幼苗蔓延的发病趋势,近岸、内湾或河口病情重于外海,水流缓、栽培密度高的海区的病情重于水流急、栽培密度低的海区的病情。总之,赤腐病的暴发与水温升高、盐度降低、水流交换不畅、网帘干出时间不足密切相关。

3. 防治建议

降低栽培密度,保证水体交换;关注天气变化,保证干出时间;注重栽培选址,适时海区轮作。在感染初期增加叶状体干出时间,抑制发病。在发病期可采用冷藏法除去部分病菌并延缓病程发展,或用pH为2的柠檬酸洗浴1~2 min,也可采用酸碱性表面活化剂、非离子表面活化剂等杀死病菌。使用多种有机酸混合而成的药剂,控制最终质量分数为 1%,浸网 20 min,可有效抑制病菌生长。

（二）拟油壶菌病

病原为拟油壶菌感。

1. 发病症状

在少量病原寄生时,患病紫菜与正常紫菜外观无差异。如果病原在叶尖处大量寄生,叶片颜色呈现黄绿色,类似于精子囊的颜色,用显微镜观察可发现白色的病菌寄生在细胞内。患病叶片最初出现一极小的红色斑点。随着病程发展,病斑颜色变为黄绿色、淡黄色或白色,且联合成片并溃烂。紫菜韧性降低,易从网帘脱落。显微镜下观察病斑可发现受感染的紫菜细胞扩大 1 ～ 3 倍,内含白色或透明的球形菌体。细胞内病菌有 1 到多个不等,由单层质膜包裹,内有许多微小颗粒,有时能观察到油滴状物质。（图 4-35）

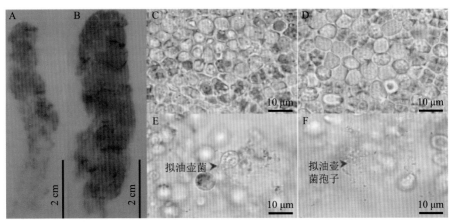

A. 拟油壶菌感染严重的紫菜；B. 拟油壶菌感染紫菜初期；C, D. 紫菜细胞中的拟油壶菌；

E. 拟油壶菌细胞；F. 拟油壶菌孢子

图 4-35　拟油壶菌病

2. 流行特点

拟油壶菌病可以单独发生,也可与赤腐病混合出现。从海区出苗到成叶衰退的整个栽培期间的任何时间均可发生,常见于 11 月上旬至翌年 1 月末。病害的严重程度与海况条件、紫菜品种、栽培和采收方法密切相关。调查发现,高温、弱风、雨雪天及收割后易出现大面积病烂。病烂从南向北、从低潮区向中高潮区、从网帘中央向边缘蔓延,内湾及河口病情重于远海,栽培密度大、水流缓海区的病情重于栽培密度小、流速高海区的病情。全浮筏栽培的紫菜发病早于半浮筏栽培的紫菜。总之,海水温度升高、盐度降低、水流交换不佳、干出时间不足、机械损伤等更易于拟油壶菌病的暴发。

3. 防治建议

降低栽培密度,保证水体交换;关注天气变化,保证干出时间;注重栽培选址,适时海区轮作。加强采收后的紫菜管理,增加干出时间。在发病初期,迅速将紫菜苗网送入冷库冷藏,以降低海区内游孢子传染的可能性。

（三）绿斑病

病原主要为黄杆菌、柠檬假交替单胞菌、弧菌、科贝特氏菌和海假交替单胞菌或叶绿体病毒。

1. 发病症状

该病多发于幼叶和成叶的边缘梢部,极少发生在幼苗阶段。患病叶片初期产生针尖状红色斑点。随着病程发展,病斑扩大、相连且数量增多,边缘出现明亮的绿色带。病斑较大时中央多为孔洞。患病部位韧性降低,易随水流失而形成孔洞。病斑数量多的叶片易从网帘脱落。显微镜下观察发现病斑内部细胞收缩、凝集,原生质膜与细胞壁间隙增大。整体来看绿色死细胞群多数呈放射状相连,其外周有 2～3 层收缩的紫红色细胞。病斑外缘细胞膨胀,失去内部结构。（图 4-36）

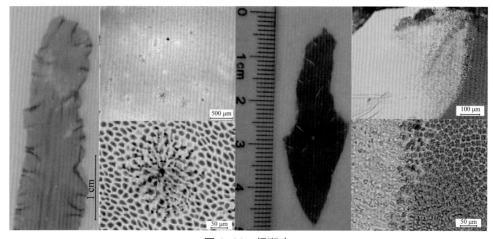

图 4-36　绿斑病

2. 流行特点

绿斑病常与赤腐病、拟油壶菌病混合发生。该病每年都会出现,且在整个栽培期间均可发生,常见于 11—12 月,特别是雨雪天后水温偏高、盐度较低且泥沙较多的海区。病害蔓延与赤腐病和拟油壶菌病类似:从低潮向高潮区、从网帘中央向边缘发展,河口、内湾病情重于远海,栽培密度高、水流缓海区的病情重于栽培密度低、水流急海区的病情。

3. 防治建议

降低栽培密度,保证水体交换;关注天气变化,保证干出时间;注重栽培选址,适时海区轮作。发病时及时将紫菜下降至较深水层,可防止或减缓损失。

(四)黄斑病

病原为嗜盐菌类。

1. 发病症状

紫菜丝状体上最初零星出现针尖状的黄色斑点。随后病斑逐渐扩大。随着病程发展,病斑大量出现,遍布整个贝壳,且丝状体由紫黑色变为棕黄色。最后整个贝壳变为黄白色,丝状体死亡并从贝壳上脱落。显微镜下观察,病斑中央为死亡崩解的紫菜细胞,呈透明状;边缘有一黄绿色带与正常细胞分隔开。随着病程发展,此黄绿色带逐渐向外扩展、联合。(图4-37)

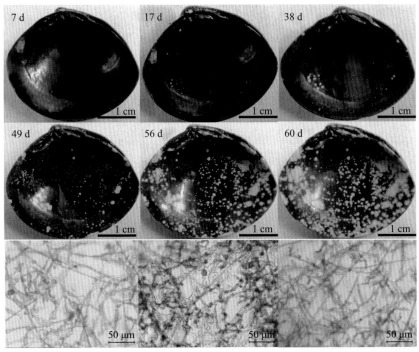

上图为 7 d 至 60 d 的病斑变化,下图为显微镜下观察到的患黄斑病的紫菜丝状体症状

图4-37　黄斑病

2. 流行特点

黄斑病几乎在所有育苗场育苗期间都会出现,丝状体布满贝壳后即可发生,高发于每年 7—8 月。水体温度和盐度高、换水频率低、刷壳不及时使该病更易传播。

3. 防治建议

育苗场设砂滤池和沉淀池。保证育苗池通风良好,进出水独立,器具专用。育苗前彻底消毒。定期培训,进入车间前对鞋面、鞋底及器具进行消毒,减少不同育苗车间非必要的交流,降低病害扩散的范围。保证换水、刷壳频率,及时调整营养盐浓度和光强等参数。

贝壳视病情,用淡水或低密度海水浸泡 24～48 h 或者用终浓度为 2～5 mg/L 的有效氯溶液浸泡 20 min。也可通过定期施用二氧化氯、加强夜间开窗通风等措施预防病害发生。对培养池进行消毒处理,停止施肥,可在短时间内控制病害的发展。

(五)贝壳丝状体病原性病害

贝壳丝状体病原性病害主要有颈点霉菌感染引起的白斑病,由细菌感染引起的泥红病和色圈病,由真菌感染引起的龟裂病(图 4-38)。

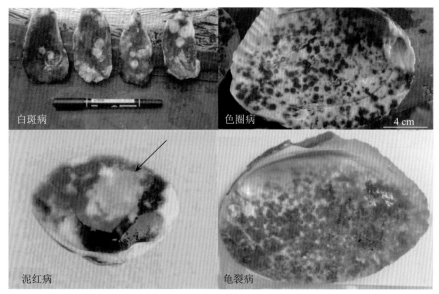

图 4-38 贝壳丝状体病原性病害

1. 发病症状

白斑病:贝壳上出现直径 1～2 cm 的白色斑块。随着病程的发展,相邻的斑块逐渐联合。该病传播速度快,1 周之内可感染整个育苗池。

泥红病:发病时壳面成片出现泥红色斑块,有黏滑感和臭腥味。发生在高水温期,如不及时处理,病斑会很快扩大,疾病会蔓延至周围贝壳。

色圈病:发病时,藻落中央变白,形成同心圆状。高温天气可传染至其他贝壳。

龟裂病:贝壳出现白色细线,类似龟壳纹路。

2. 防治建议

育苗场设砂滤池和沉淀池。保证育苗池通风良好,进出水独立,器具专用。育苗前彻底消毒。定期培训,进入车间前对鞋面、鞋底及器具进行消毒,减少不同育苗车间非必要的交流,降低病害扩散的范围。保证换水、刷壳频率,及时调整营养盐浓度和光强等参数。

贝壳视病情,用淡水或低密度海水浸泡 24 ~ 48 h 或者用终浓度为 2 ~ 5 mg/L 的有效氯溶液浸泡 20 min。也可通过定期施用二氧化氯、加强夜间开窗通风等措施预防病害发生。对培养池进行消毒处理,停止施肥,可在短时间内控制病害的发展。

(六)贝壳丝状体生理性病害

贝壳丝状体生理性病害主要包括鲨皮病、退壳病、灰变病和绿变病(图 4-39)。

图 4-39 贝壳丝状体生理性病害

1. 发病症状

鲨皮病:易发生在光照过强(光照度超过 3 500 lx)、藻丝生长过快的区域,造成贝壳表面钙质沉积,形似鲨皮。

退壳病:贝壳上的丝状体逐渐从边缘向中央脱离。一般出现在 7 月中下旬,在水温连续高于 28 ℃且育苗场采取遮光措施后发生。

灰变病:贝壳上出现灰色斑块,可能是由于刷壳不及时及水体钙质过多引起的沉积,影响丝状体膨大。

绿变病:由养殖水体中氮营养不足引起,主要症状为患病藻丝由紫红色转变为黄绿色。

2. 防治建议

加强育苗场内环境监测,根据环境变化及时采取相应措施。夏季高温天气加大通风,有条件的可以对育苗池顶棚喷水降温。及时采取遮光措施,避免藻丝生长过快。定期刷拭贝壳,保持壳面干净;及时补充营养,避免营养不足影响藻丝生长。

（七）紫菜叶状体生理性病害

紫菜叶状体生理性病害主要包括卷曲症、白腐病、缩曲症和癌肿病。

1. 发病症状

卷曲症：是常见生理性病害。藻体发黄、卷曲、细软、韧性差（图4-40）。卷曲症与海区磷酸盐缺乏有关。

白腐病：主要发生在早期幼小叶状体，低潮位生长快的叶状体发病严重。一般认为是生理性病害，与干出不足、水流不畅及光照不足有关。叶状体尖端变红，后由黄绿色变为白色并解体溃烂。经过2～3周，整个叶状体坏死。

缩曲症：发病初期叶片上出现细小斑块或突起，叶片难以展平；严重时藻体呈木耳状，无光泽，弹性差，固着力明显减弱并最终流失。缩曲症可能是工业污水、化学因子或光照过强、潮位偏高等环境因子诱发。

癌肿病：叶片两面产生突起并波及整个叶面，藻体皱缩、色黄带黑、无光泽、呈厚皮革状。癌肿病与海区污染密切相关。

图4-40　紫菜叶状体卷曲症

2. 防治建议

合理选择栽培海区，避开污染严重的海区。筏架和网帘密度要适当，网帘不可松弛。确保足够的干出时间，及时采收，保持紫菜受光良好，确保紫菜所处的大环境和微环境水流畅通。若环境条件不适合紫菜栽培，可短期冷藏，待环境好转后再出库栽培。

（八）紫菜生物敌害

紫菜主要敌害生物包括硅藻、绿藻、蓝藻（图4-41）和马尾藻。

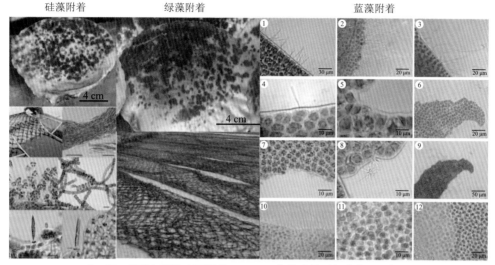

1—10. 蓝藻在藻体表面附着；11, 12. 蓝藻附着引起紫菜细胞死亡

图4-41　紫菜敌害生物硅藻、绿藻、蓝藻

1. 发病症状

硅藻：在风平浪静、流速缓慢、富营养化的海区，条斑紫菜藻体易大量附着硅藻。所附着的硅藻为舟形藻类，个体长度约1 μm，生长速度快，暴发时可积聚形成超过10 cm长、肉眼可见的丝状物，常造成紫菜减产甚至绝收，制约产业发展。

绿藻：浒苔属绿藻为紫菜养殖中最常见、危害最大的藻类。在紫菜的出苗期和幼苗期，浒苔的附生会抑制紫菜生长，降低单孢子在网帘上附着萌发的概率，不利于幼苗生长和苗量增加。在栽培的中后期，浒苔会影响紫菜的产量和质量，增大加工前处理的难度和工作量，影响加工后产品的品质。

蓝藻：每年12月至翌年4月一直存在，多见于5 cm以上的藻体，严重时1 cm的叶状体上也可发现。紫菜藻体生长缓慢；色泽暗淡，呈淡紫色或淡黄色；常伴有早熟现象；小苗甚至死亡。大量附着蓝藻的紫菜加工后光泽完全丧失，严重影响产品质量。

马尾藻：藻体可借助风浪、海流作用以及气囊的浮力，随潮水漂流。紫菜网帘被包裹、覆盖，养殖筏架被压垮。

2. 防治建议

硅藻附着：在紫菜养成期，可用冷藏网法（-20 ℃冷冻7～10 d）、酸碱法和干出法（连续干出6 d，每天干出4 h）去除附着的硅藻。还可利用生物防控的理念兼养条斑紫菜和牡蛎。牡蛎大量滤食水体中的浮游藻类,可有效减少硅藻类的附着,进而有利于紫菜生长。在条斑紫菜育苗期间,硅藻的清除以洗刷贝壳为主。育苗前,用石灰水或漂白粉浸泡池底和清洗池埂。采用暗沉淀 15 d 以上的海水进行丝状体培育可有效减少硅藻附着。

绿藻附着:栽培期可利用干出法和冷藏网技术清除绿藻。晒帘时选择晴天和北风天气,晒网 1～2 d。冷冻时将网帘脱水后放入冷冻袋内,置于 −20 ℃冷库冻 10 d 以上。绿藻的清除还可采用酸处理。采用 pH 为 1.0 的酸处理 30 s 或采用 pH 为 2.0 的酸处理 3 min,均可致浒苔等绿藻的死亡,但不影响条斑紫菜的生理活性和生长。

蓝藻附着:及时关注紫菜生长,发现蓝藻可利用干出法和冷藏网技术清除。

马尾藻附着:关注海上马尾藻漂移动向和发展趋势,及时清理混缠在紫菜网帘上的马尾藻。加固紫菜网帘和筏架,促进水流畅通。严禁将海上清理和打捞的马尾藻丢弃在海滩上,避免造成二次危害。

五、海带病害

海带育苗和栽培的病害主要包括病原性病害、生理性病害和生物敌害三大类。海带生长过程中受环境的影响非常大,水温、光照、降水、营养盐、杂藻等均会严重影响海带的健康情况。如 2021 年 11 月,我国海带传统主产区山东荣成暴发了大规模海带溃烂灾害。灾害起源于由多纹膝沟藻和红色赤潮藻构成的海洋赤潮。溶解性磷酸盐含量的下降、高透明度及褐藻酸降解菌的大量繁殖均加剧了灾害的进程和后果。

褐藻酸降解菌是海带育苗和栽培过程中的重要病原菌,可引起育苗期和养成期的绿烂病;光照和营养盐不足可能引起海带幼孢子体畸形病和白尖病等;营养不足可能引起海带绿烂病和卷曲病;短时间的强降水会引起海带泡烂病;水虱、麦秆虫等虫害和附生杂藻也会影响海带的正常栽培。

(一)幼孢子体畸形病

已报道的发病原因包括种海带成熟不足或成熟过度、附着基处理不良、光照不足、营养盐不足及产硫化氢的细菌干扰生长等。

1. 发病症状

幼孢子体畸形病起始于配子体时期的畸形死亡,主要表现为幼孢子体发育至 4～8 列细胞期时,部分或全部细胞不正常地生长和分裂,严重者解体死亡(图 4-42)。

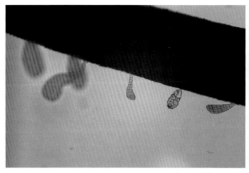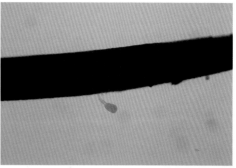

图 4-42　幼孢子体畸形病

2. 流行特点

幼孢子体畸形病为育苗前期常发病害,发病率最高达 1/3 左右,可持续约 3 周,导致幼苗大量脱落从而严重影响出苗率。

3. 防治建议

水循环系统和育苗池用终浓度为 60 mg/L 的有效氯溶液消毒 12 h 以上,再使用过滤海水冲洗 1～2 遍后进行育苗。苗绳用添加质量分数为 0.5% 的纯碱的淡水浸泡 1 个月以浸出绳内棕榈酸、单宁等有害物质。选孢子囊群颜色深浓、表面不光亮、易干燥、手摸有黏腻感觉并有"脱皮"现象的种带。勤监测、勤观察、勤调节育苗期水温、光照、营养盐浓度。发病时加强苗帘的冲洗力度,降低水温(6～6.5 ℃),调整光照,分拣发病苗帘,以减轻损失。

(二)海带幼苗绿烂病

不合适的育苗环境(如光照不足、营养盐含量过高)为发病诱因,褐藻酸降解菌侵染导致病烂。

1. 发病症状

幼苗叶片顶端变绿、变软甚至整个叶片腐烂脱落(图 4-43)。

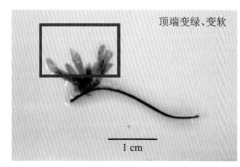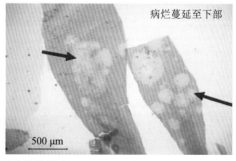

图 4-43　海带幼苗绿烂病

2. 流行特点

海带幼苗绿烂病常见于育苗后期,可致幼苗大面积病烂、死亡,危害较大。

3. 防治建议

水循环系统和育苗池用终浓度为 60 mg/L 的有效氯溶液消毒 12 h 以上,再使用过滤海水冲洗 1～2 遍后进行育苗。种带采苗前清除杂藻、污泥及腐烂部位。控制采苗密度,使游孢子附着密度适中。定期培训场内人员,进入育苗池前对鞋面、鞋底及器具消毒,减少育苗池间非必要的交流,降低病害扩散。勤监测、勤观察、勤调节育苗期水温、光强、营养盐浓度,保持水体的清洁。发病时加强苗帘的冲洗力度,降低水温(6～6.5 ℃),调整光强及营养盐浓度,分拣发病苗帘,以减轻损失。

(三)海带幼苗白尖病

病因与幼苗受光突然增强或苗帘上气泡清理不及时有关。

1. 发病症状

海带幼苗藻体变白,色素体分解(图4-44)。白烂部位从尖端向柄部逐渐蔓延,最终藻体全部腐烂。

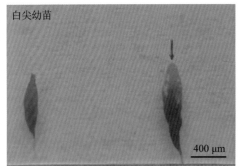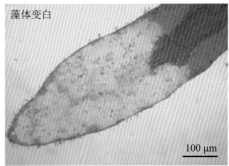

白尖幼苗　　　　　　　　　　400 μm　　　藻体变白　　　　　　　　100 μm

图 4-44　海带幼苗白尖病

2. 流行特点

海带幼苗白尖病为育苗后期,幼苗生长至 0.6～1.0 cm 时的常发病害。

3. 防治建议

控制采苗密度,使游孢子附着密度适中。勤监测、勤观察、勤调节育苗期光强,防止幼苗突受强光刺激。增加水流量,及时洗刷苗帘。发病后,降低光强并适量增加营养盐,同时加大换水量和水体流速,及时洗刷和驱赶气泡,至白烂部位不再蔓延,苗种重新恢复生长。

(四)栽培海带绿烂病

栽培海带绿烂病由光照不足、褐藻酸降解菌侵染所致。

1. 发病症状

从海带叶片梢部边缘开始变绿、变软及腐烂，并逐渐向叶片中部和基部蔓延扩展，严重时整棵海带腐烂、脱落（图4-45）。

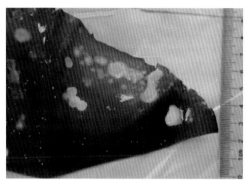

图4-45　栽培海带绿烂病

2. 流行特点

栽培海带绿烂病为海带栽培期常发病害，一般发生在每年的4—5月，阴雨多雾、光线差或海水混浊、透明度小时易发生。该病造成的损失大，且发病海带作为种带使用时可将致病菌引入育苗系统影响育苗。

3. 防治建议

洗刷海带叶片上的浮泥，及时关注气象预报，连续阴雨天气时适当上调海带所在水层或增加浮球，增加海带受光量。发病时及时切梢与间收，并将发病区苗绳适当疏散。

（五）栽培海带黄泡病

栽培海带黄泡病可能是由环境因素导致的生理性病害。

1. 发病症状

海带中上部生长部位的藻体表面陆续出现不规则的黄斑。随着海带的生长，黄斑鼓起、肿胀，形成黄泡，并使得藻体从髓部开始出现分层现象。（图4-46）

图4-46　栽培海带黄泡病

2. 流行特点

在海带快速生长的 3—4 月病情较为严重,发病比例可达 50%,在海带生长减慢的 5—6 月,发病比例开始下降,可减少至 10%。

3. 防治建议

早分苗,分壮苗,加大筏距,流通透光,合理密植。及时关注气象预报,适当根据海水温度和光照情况调整栽培水深。适当施肥,满足海带对营养的需求。

(六)海带泡烂病

海区温度异常升高、盐度持续较低、藻体接触淡水、连续阴雨、光照不足等是导致泡烂的主要原因。

1. 发病症状

发病时在海带叶片的部分部位产生很多水泡(图 4-47)。水泡破裂后叶片表面腐烂穿洞,严重时大部分叶片发生腐烂。

图 4-47　海带泡烂病

2. 流行特点

海带泡烂病一般发生在有大量淡水注入的海区或降水量突然增大的地区,对海带生产造成较大损失。

3. 防治建议

及时关注气象预报,在大量降水之前下调海带所在水层,以防淡水侵害。

(七)海带叶片卷曲病

光照不均、营养盐不足等是发病主因。

1. 发病症状

海带叶片出褶皱,卷曲部位脆弱、易折断,褶皱基点处细胞增大,色素体褪色、变小、边缘化(图 4-48)。海带生长停滞甚至死亡。

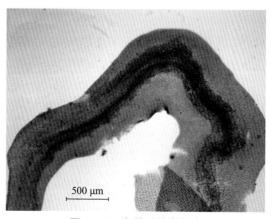

图 4-48　海带叶片卷曲病

2. 流行特点

发病时间范围较广,从下海初期的 10 月至翌年 4 月上旬均可发病,易发生在浅水层。

3. 防治建议

早分苗,分壮苗,加大筏距,流通透光,合理密植。根据透明度合理调整栽培水层,改善受光条件。适当增施肥料,提高海带对光能的利用和适应能力。

(八) 海带黑斑病

海带黑斑病的发生与海带品系及养殖管理(水层提得过早、过急、过浅)有关。

1. 发病症状

藻体呈轮状弯曲,密集布满米粒状黑色突起(图 4-49)。

2. 流行特点

海带黑斑病在海带养成期时有发生。

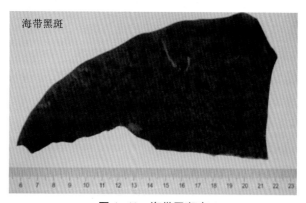

图 4-49　海带黑斑病

3. 防治建议

谨慎选择海带品种。根据潮势强弱、水体清浑、筏档宽窄,并考虑藻体长势等,合理调节海带所在水层。

(九)海带虫害

1. 发病症状

栽培海带易受到水虱、麦秆虫、藻钩虾、海鞘、蜾蠃蝛、石灰虫等啃食(图4-50)。团水虱会优先啃食海带苗基部生长点,易将海带幼苗从基部咬断,造成藻体脱落。麦秆虫会随机啃食藻体表面和边缘,形成虫洞,导致烂苗。

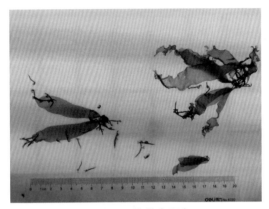

图 4-50　海带麦秆虫

2. 流行特点

虫害主要发生在海带下海夹苗后,水温 20 ℃降低至 12 ℃左右期间。可导致大面积脱苗,影响海带的数量、生长和品质。

3. 防治建议

虫害的主要防治措施为选择适宜的海区,所选海区要求水流通畅且远离龙须菜和牡蛎等贝类养殖区。下海前用药物浸泡苗绳。例如,将羊踯躅和海水按照1:20 的体积比混合,采用煮沸后冷却的混合液浸泡苗绳 1.5 min 可杀死枝角类;用甲醛和硝酸铵混合液(二者质量分数均为 0.5%)处理苗绳 30 s,2～3 d 后再处理一次可杀灭水虱;用质量分数为 1/300 的铵肥水浸泡苗绳可清除钩虾、麦秆虫等。同时,注意对海区原有筏架和浮球的清理,避免滋生虫卵。

病害发生早期,有以下处置方法:① 将苗种转移至没有虫害发生的海区。② 在食品级塑料袋中装入 100 g 尿素或硝酸铵,封口后用针在塑料袋底部扎 3～5个孔,用塑料绳系在苗种绳上,每 4 m 苗绳挂 2 袋。③ 每天早晚,选择温度较低且没有阳光直晒的时间,将苗种绳提出海面 2～3 min,反复抖动,使害虫脱落或窒息,需要反复操作。考虑到农药残留风险,不建议使用敌百虫、菊胺酯等杀虫剂处理。海带收获后应将筏架回收上岸进行晾晒,避免滋生虫卵。

(十)海带幼苗藻害

1. 发病症状

硅藻大量繁殖时,可观察到硅藻附着于苗帘上(图4-51);镜检可看到硅藻附于海带幼孢子体表面。发生浒苔绿潮、铜藻金潮等生态灾害时,养殖筏架易倒伏,海带苗绳被大型藻类缠绕。这些都会影响海带幼苗所接收的光照的强度和对营养的吸收,限制海带的生长。

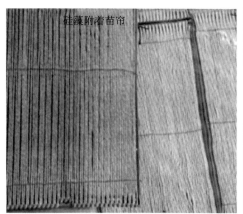
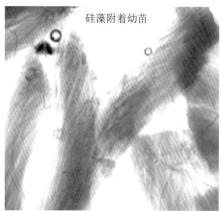

图4-51 海带幼苗藻害

2. 流行特点

育苗期和栽培期均可发生藻害。育苗期的海水处理不良等容易导致硅藻等有害藻类的生长和附着。

3. 防治建议

对源海水进行沉淀、过滤、冷却、二次过滤等去除浮泥、杂藻等杂质,保证水源的水质。及时冲刷苗帘,减少育苗期的硅藻等杂藻的附着。

及时手工清理浒苔和铜藻,防止其缠绕到筏架和苗绳上导致筏架倒伏,以及遮光而影响海带生长等,并及时收获外海筏架栽培的海带。处理过程中,应注意将铜藻和浒苔回收至岸上处置,不得随意在海上丢弃。

六、裙带菜病害

(一)裙带菜绿烂病

裙带菜绿烂病可能与水温偏高、细菌和真菌感染有关。该病传染性强,发病速度快,造成损失严重。

1. 发病症状

叶片卷曲、变绿、变黏、溃烂、脱落,严重时整个叶片烂光,只剩下中肋(图4-52)。

2. 防治建议

早分苗,分大苗,加大筏距,流通透光,合理密植。及时关注气象预报,连续阴雨天气时适当上调裙带菜所在水层或增加浮球,增加裙带菜受光量,避免光照不足和盐度下降等造成的绿烂病,及时清除病烂裙带菜。

图 4-52　裙带菜绿烂病

(二)裙带菜虫害

裙带菜下海夹苗后,受到水虱、麦秆虫、藻钩虾、海鞘、螟蠃蜚、石灰虫等啃食。

1. 发病症状

虫害可导致裙带菜大面积脱苗,影响裙带菜的生长和品质。团水虱(图4-33A)会优先啃食裙带菜苗基部生长点,易将裙带菜幼苗从基部咬断,造成藻体脱落。麦秆虫(图4-53B)会随机啃食藻体表面和边缘,形成虫洞,导致烂苗。

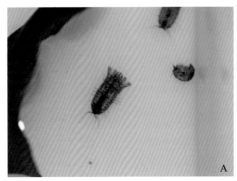 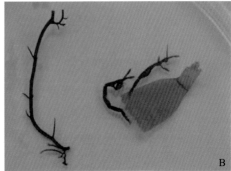

图 4-53　裙带菜虫害

2. 流行特点

虫害通常发生在水温 20 ℃降低至 12 ℃左右期间。

3. 防治建议

虫害的主要防治措施为选择适宜的海区,所选海区要求水流通畅且远离龙须菜和牡蛎等贝类养殖区。下海前用药物浸泡苗绳。例如,将羊踯躅和海水按照 1∶20 的体积比混合,采用煮沸后冷却的混合液浸泡苗绳 1.5 min 可杀死枝角类;用甲醛和硝酸铵混合液(二者质量分数均为 0.5%)处理苗绳 30 s,2～3 d 后再处理一次可杀灭水虱;用质量分数为 1/300 的铵肥水浸泡苗绳可清除钩虾、麦秆虫等。同时,注意对海区原有筏架和浮球的清理,避免滋生虫卵。

病害发生早期,有以下处置方法:① 将苗种转移至没有虫害发生的海区。② 在食品级塑料袋中装入 100 g 尿素或硝酸铵,封口后用针在塑料袋底部扎 3～5个孔,用塑料绳系在苗种绳上,每 4 m 苗绳挂 2 袋。③ 每天早晚,选择温度较低且没有阳光直晒的时间,将苗种绳提出海面 2～3 min,反复抖动,使害虫脱落窒息,需要反复操作。考虑到农药残留风险,不建议使用敌百虫、菊胺酯等杀虫剂处理。裙带菜收获后应将筏架回收上岸进行晾晒,避免滋生虫卵。

七、龙须菜病害

(一)龙须菜白烂病

龙须菜白烂病的发生原因主要包括以下几方面:① 敌害生物啃食或者风浪等引起龙须菜表皮受损,损伤部位未能有效修复,有害微生物大量繁殖,导致表皮发白溃烂。② 高温、高光导致氧自由基大量积累,超出藻体清除能力,损伤藻体光合组织。③ 养殖密度过大,局部营养盐不足,长期影响龙须菜生理代谢,降低其抗病能力。④ 龙须菜进入成熟期,放散孢子导致表皮破溃,继而病菌入侵。⑤ 盲目扩大养殖面积、增大起始夹苗量等。

1. 发病症状

早期藻体局部可见浅黄色或白色斑点;严重时随处可见变白的藻段,整体光泽度下降,呈黄绿色或变白(图 4-54)。分枝数量减少,变硬,韧性下降,易折断。藻体分生能力下降,生长速率明显下降且脱落严重。

2. 流行特点

病发季节主要在夏季的高温期及虫害发生后的第 2 周。

3. 防治建议

科学育苗,使用健康种苗。科学管理,注意根据光照和温度变化调节养殖水层。进入高温季节及时收获。适量夹苗,合理施肥。

图 4-54　龙须菜白烂病

（二）龙须菜虫害

龙须菜害虫包括麦秆虫、藻钩虾、团水虱和水螅（图 4-55）等。

1. 发病症状

麦秆虫等在夹苗处下卵，繁殖速度快，数量大，啃食龙须菜，对藻体造成切口，引发溃烂，造成藻体严重脱落，导致大面积减产甚至绝收。

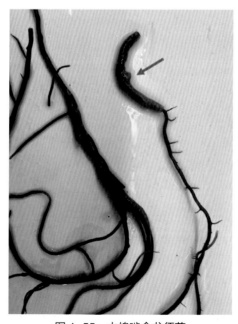

图 4-55　水螅啃食龙须菜

2. 流行特点

在潮流不畅、栽培密度过大的海区,虫害发生尤其严重。

3. 防治建议

对于麦秆虫类等寄生敌害生物以预防为主,特别注意控制栽培密度,夹苗数量不能过大,确保水流通畅。如发生虫害主要采取以下措施:① 淡水浸泡 5 ~ 10 min;② 低温、遮光、保湿放置过夜;③ 塑料袋中装上 50 ~ 100 g 的铵类化肥,扎口后在袋上扎出针眼,吊挂到栽培海区筏架上驱虫;④ 高温期禁养休耕,将养殖筏架等器材收到陆地上进行曝晒和消毒处理。

(三)龙须菜藻害

龙须菜灾害藻类可以分为 3 类:① 附生杂藻,如刚毛藻、浒苔;② 寄生杂藻,如仙菜、多管藻;③ 竞争性藻类,即生长在同一海区的大型藻类,如马尾藻、铜藻、野生海带、萱藻。

1. 发病症状

要么灾害藻类的生长条件与龙须菜的相似,要么龙须菜的生长为灾害藻类提供了必要的寄生环境,从而灾害藻类大量繁殖(图 4-56),与龙须菜竞争海水中的营养盐和生存空间,遮挡光照,导致龙须菜藻体生长过缓,产量降低,颜色变暗,琼胶含量和质量下降,降低后续加工效益。

图 4-56　龙须菜藻害

2. 流行特点

浒苔与刚毛藻导致的藻害通常发生在春末夏初水温逐渐上升的过程中。仙菜和多管藻导致的藻害常发生在高温过后水温逐渐降低的过程中,以及秋末和整个冬季。一般绿藻类的竞争性杂藻生长在较浅的水层。

3. 防治建议

浒苔与刚毛藻可采用质量分数为 0.1% 的稀盐酸浸泡 1 min 进行处理。仙菜和多管藻通常采用低温、保湿过夜处理,严重时处理 2 d。此外,还应注意水层的调节和栽培密度的控制。一般绿藻类的杂藻生长在较浅的水层,可将筏架降至稍深水层来减少其危害。对于仙菜和多管藻等寄生杂藻,可以通过控制龙须菜的栽培密度、改善海水交换条件以避免其侵害。对于竞争性大型藻类,应及时清除,避免其疯长后遮挡光照,吸收营养盐,影响龙须菜的正常生长。

八、大口黑鲈病害

虽然大口黑鲈养殖前景可观,但是病害高发,很多疾病治疗束手无策。大口黑鲈病原主要包括细菌(如柱状黄杆菌、迟缓爱德华氏菌、嗜水气单胞菌、温和气单胞菌、舒伯特气单胞菌、诺卡氏菌)、病毒(如大口黑鲈病毒、传染性脾肾坏死病毒、弹状病毒)、寄生虫(如车轮虫、杯体虫、指环虫、锚头鳋)(图 4-57)。

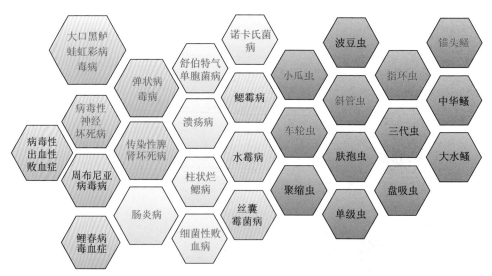

棕色块中为病毒病,蓝色块中为细菌病,青色块中为真菌病(水霉病、鳃霉病、丝囊霉菌病),灰色块中为寄生虫病。红字所示为常见多发病,黑字所示为报道过的病

图 4-57　大口黑鲈主要病害

(一)大口黑鲈蛙虹彩病毒病

病原是大口黑鲈蛙虹彩病毒。

1. 发病症状

临床症状主要表现为体表的溃烂,到感染后期溃烂处肌肉呈鲜红色,病灶周

围无炎性细胞浸润,不呈现化脓、脱鳞、赤皮等症状,类似刀切一般(图 4-58)。有的体表无病灶,但鳍(多见于尾鳍、背鳍)基部常见红肿(图 4-58)。溃烂处易继发细菌和真菌感染,产生赤皮、溃疡等临床症状。肌肉坏死,或伴有心腔血块聚积,肝脏、鳃动脉扩张,淤血呈血窦样,即点片状的。单纯病毒感染与细菌感染引起的内脏出血病不同:一是病鱼内脏只淤血、充血,但很少出血,不会出现溶血现象;二是脾脏、肾脏肿大,一般无腹水;三是肠空,有时红肿,不产气。

A. 感染前、中期体表溃烂;B. 感染后期,溃烂处肌肉呈鲜红色,
无炎性细胞浸润,不呈现化脓、脱鳞、赤皮等症状,类似刀切一般;
C. 感染初期,尾鳍、背鳍基部充血;D. 感染后期,尾鳍基部溃烂

图 4-58　大口黑鲈蛙虹彩病毒病

2. 流行特点

夏季水温 25 ～ 32 ℃易暴发,主要感染成鱼。

3. 防治建议

目前对该病尚无特效药。水质差、虫害刺激等会加重病毒病的病情。

彻底清塘晒塘。能干塘的尽可能干塘,如果不能,在肥水前可留水 6 ~ 9 cm。把生石灰溶化,立即均匀遍洒全池。山东地区每亩池塘用生石灰 25 ~ 50 kg。石灰用量视塘底污泥多少而增减。清塘后一般经 7 ~ 8 d 即可放鱼。干塘清塘后重新注入水时,应采取过滤措施,避免野杂鱼类和病虫害随水进入塘内。网箱、水泥池、帆布池等养殖设施和充气管、气石、手抄网等器具要进行消毒或者干晒处理。

引进的苗种要经过检疫,不携带病原。养殖期间注意营养保健,定期补充维生素、饲喂中草药。注意日常池塘水质、浮游动物数量变化,根据天气和节气调水改底,施用乳酸菌、光合菌等有益菌稳定水质,但尽量少换水,杜绝外源引入病原。水质不良时,多开增氧机,选用过硫酸氢钾、高铁酸钾、过氧化钙等强氧化剂调节水质,同时饲喂多糖类免疫增强剂、复合多维制剂和中草药。

感染后,建议第一时间送检。发病时减少甚至停止投喂饵料。可全池泼洒聚维酮碘,2 h 后用维生素 C 和柠檬酸解毒。整个过程中保持充足溶解氧。饲喂抗菌药物、复合多维制剂和保肝护肝制剂,以防继发性感染。应及时捞除病鱼及死鱼,深埋消毒,进行无害化处理。

科学诊断,精准用药。精确测算鱼塘水体、鱼质量,以足量用药。配制药饵时,还应考虑药物在水中丢失的情况。药物用清水化开后,均匀泼洒在颗粒饵料上,制成药饵,晒干后再使用。在药物使用过程中,应依据鱼的品种、年龄、健康情况、环境条件调节用药量,避免盲目用药,最大限度降低损失。治疗时使用的中草药应为粉散剂,不得使用菊酯类、有机磷类、强氯精、二氧化氯等强刺激性药物。

(二)细胞肿大虹彩病毒病

病原是传染性脾肾坏死病毒。该病毒属于虹彩病毒科细胞肿大虹彩病毒属,因此该病被称为细胞肿大虹彩病毒病。

1. 发病症状

临床主要症状如下:体表无出血症状;脾脏、肾脏肿大,呈暗红色;脾脏甚至可能会发黑;鳃丝发白、肝脏呈淡红色或发黄,质地松脆(图 4-59);肠内充满黄色黏稠物。同一口塘,不同鱼症状不同。除上述典型症状外,有的体表出血,有的体表染上黄色,有的鳃仍呈红色,有的具腹水,有的结缔组织(脂肪)充血。一般可同时检出寄生虫或细菌。

2. 流行特点

高温季节(4—10月),水温 25 ~ 30 ℃易发此病。可能出现大批量急性死亡情况。

图 4-59 细胞肿大虹彩病毒病

3. 防治建议

与蛙虹彩病毒病基本相同。

（三）弹状病毒病

病原是鳜弹状病毒。

1. 发病症状

病鱼活力弱。头部发红，体色变黑。体表出血，但不发生溶血（图 4-60A）。内脏充血，偶见腹水。鱼苗拖便。有的病鱼身体消瘦甚至出现弯曲（图 4-60B、C），背部溃疡（图 4-60D），漂浮于水面，反应迟钝，后期会出现明显的"打转"现象。有的病鱼眼球突出，还有的鳃颜色变浅。出现这些症状的病鱼通常经 3 ～ 7 d 会死亡。

患弹状病毒的大口黑鲈鱼体表出血（A），身体弯曲（B），腹部出血、弯曲（C），背部溃疡（D）

图 4-60 弹状病毒病

2. 流行特点

发病时间通常为 3—4 月,发病水温一般为 18 ～ 25 ℃。主要感染大口黑鲈幼鱼(体长小于 3 cm),近年来在成鱼养殖过程中也有发生。该病在水温突然升高或降低时易发,而且传播快、苗期致死率高,成鱼养殖过程中死亡率略低。

3. 防治建议

预防措施:彻底清塘消毒、水源消毒。引进的苗种要经过检疫。育苗期尽量不换水,加水后用国标渔药消毒剂消毒。做好杀虫护肝措施。

治疗措施:可采用国标渔药消毒剂进行水体消毒,防止细菌继发感染。立即停料或减料。饲喂中草药等免疫增强剂,增强鱼体抵抗力。忌用刺激性较强的药物,可以结合使用针对性较强的治疗病毒病的药物。

(四)诺卡氏菌病

病原是鰤诺卡氏菌。

1. 发病症状

鱼体发黑,体表鳞片脱落、出血,严重者体表溃烂。内脏、肌肉等布满白色结节(图 4-61)。部分鳃丝出现白色结节或溃烂现象。偶有眼球凸起。取结节压片镜检,可观察到大量静止、长杆状、分枝、相互交错而呈草堆状的菌丝。将结节接种于脑心浸液琼脂培养基,28 ℃恒温培养 3 ～ 7 d,可得到大量灰白色、沙粒状、干燥的菌落。

在养殖的过程中常见的水产病原菌当中,能够引起鱼类内脏器官出现白色结节的致病菌除了诺卡氏菌外,还有舒伯特气单胞菌。因此,需要针对具体情况进行分析,以免耽误治疗。

(1)结节形态上的区别:舒伯特气单胞感染主要表现为在肝脏、脾脏、肾脏等器官形成平滑、柔软、边缘界限不清晰的白色点状、片状坏死灶,发病时间较短。诺卡氏菌感染,形成边缘界限清晰、凸起的、比正常组织更硬的白色或淡黄色结节,有时可在后肾形成巨大囊肿物,结节形成时间较长。

(2)结节部位的区别:舒伯特气单胞菌感染形成的细小白点状结节只局限于内脏器官,其感染大口黑鲈中成鱼,可导致鱼体下颌、鳍条等处充血发红,且伴随明显的肝脏、后肾肿大现象,部分病鱼还会出现腹水。诺卡氏菌感染,严重时在鳔腔、肠、肌肉、鳃丝等处也会出现结节,有时候可在体表皮下组织形成结节、隆起或者疖疮型溃疡,使体表出现鼓起的软包,挑开有白色或淡红色的脓汁流出。

(3)细菌特性的区别:舒伯特气单胞菌为革兰氏阴性菌,革兰氏染色结果为红色。诺卡氏菌是革兰氏阳性菌,革兰氏染色结果为紫色。可利用体内病灶组织进行病原菌的分离染色进行区分。

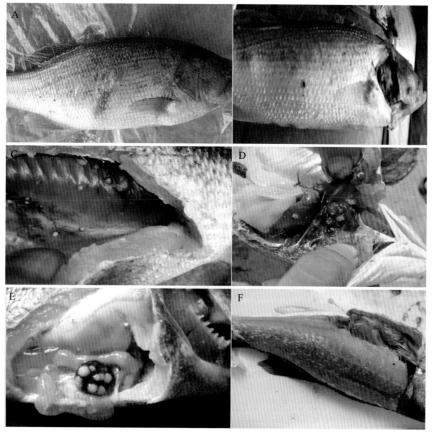

患诺卡氏菌病的大口黑鲈,体表鳞片脱落溃烂、鳍条出血(A),有的皮下隆起或形成疖疮(B);
体腔壁、肾脏(C)、心、肝、脾(D)、胆囊、鳃(E)、肌肉(F)等多个器官组织中有白色结节

图4-61　诺卡氏菌病

2. 流行特点

诺卡氏菌病流行季节长,2—12月均有发生,在水温25 ℃以上高温季节易发。该病的特点是潜伏期长,病情发展缓慢,但是发病率和死亡率都较高。

3. 防治建议

养殖过程主要通过做好清塘消毒、苗种检疫、提高鱼体免疫力等措施进行预防。放苗前充分晒塘,并使用生石灰等彻底消毒、碱化底质,在养殖中后期定期改底,避免有机物沉积于塘底而酸化,是预防诺卡氏菌病的重要措施之一。严格控制水质指标如亚硝酸盐和氨氮浓度,少用刺激性强的药物。该病发生后,分离病原,根据药敏试验结果选用该菌敏感的国标渔药进行治疗,同时对养殖水体等使用复合碘等进行消毒。

注意事项:在流行季节,尽量避免大量换水等强刺激性操作,适量饲喂,增强营养。采用国标渔药消毒剂进行水体消毒,以减少水体中的病原菌。由于大口黑鲈诺卡氏菌病不能彻底治愈,所以还需定期配合药物治疗,以把损失降到最低。此外,如是二龄大口黑鲈发病,由于产后体弱等原因,往往治疗难度很大,成本高,疗效差,建议尽快卖鱼,以减小损失。

(五)烂鳃病

病原是柱状黄杆菌。

1. 发病症状

鳃丝充血至腐烂,鳃丝带有淤泥,鳃盖内侧表皮充血,中央表皮常腐烂成一个圆形小区(俗称"开天窗")(图4-62)。头部、鳍条等处有白色絮状物。体色变黑。离群独游。

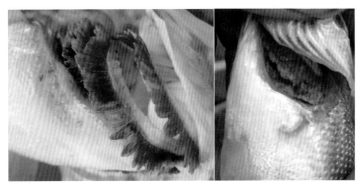

鳃丝充血至腐烂,鳃丝带有淤泥

图4-62 烂鳃病

2. 流行特点

水温 20 ~ 28 ℃时易发此病。

3. 防治建议

养殖过程应避免鱼体受伤,通过做好清塘消毒、苗种检疫、提高鱼的免疫力等措施进行预防。放养鱼苗之前,必须对池塘进行彻底消毒,可以把鱼种提前浸泡在质量分数为3%~5%的食盐水溶液中。该病发生后,烂鳃通常会继发感染寄生虫。建议先镜检确认,进行杀虫,再做其他处理。分离病原,根据药敏试验结果选用该菌敏感的国标渔药进行治疗。采用国标渔药消毒剂进行水体消毒,以减少水体中的病原菌。

(六)细菌性肠炎病

病原是由嗜水气单胞菌、豚鼠气单胞菌等。

1. 发病症状

病鱼离群,缓慢独游,体色发黑,食欲缺乏。发病早期剖开腹部可见肠充血发红、肿胀发炎,内无食物或只在后段有少量食物,内有较多黄色或黄、红色黏液。发病后期可见全肠充血发炎,呈红色或紫红色;腹壁膨大,有红斑;肝脏常有红色斑点状淤血;肛门常红肿外突,呈紫红色。(图4-63)

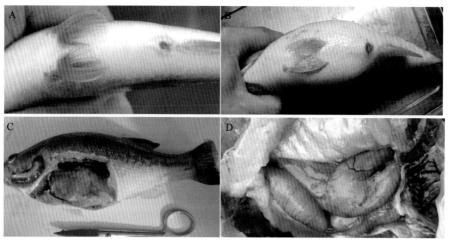

患细菌性肠炎的大口黑鲈肛门红肿,鳍条充血、出血(A);有的腹部膨胀,有腹水(B);
眼球突出,鳃、内脏充血出血(C);内脏血管扩张,有红色腹水(D)

图4-63　细菌性肠炎病

2. 流行特点

细菌性肠炎病在水温18 ℃以上开始流行。流行高峰水温为25 ～ 30 ℃。全国各地区均有发生。

3. 防治建议

培苗过程中应避免投喂冰冻轮虫、枝角类和桡足类,投喂丰年虫前应经消毒处理,驯料过程做好肠道健康维护等措施。该病发生后,分离病原,根据药敏试验结果选用该菌敏感的国标渔药(氟苯尼考、多西环素、恩诺沙星、磺胺类等)进行饲喂治疗,同时采用碘制剂、苯扎溴铵、戊二醛等对养殖水体等进行消毒。

（七）车轮虫病

病原是车轮虫。

1. 发病症状

临床主要表现为病鱼不摄食、打转、离群漫游于池边或水面;体消瘦;鳃部常呈暗红色,分泌大量黏液,鳃丝边缘发白腐烂。镜检可观察到体表和鳃上有大量车轮状的虫体——车轮虫(图 4-64)。车轮虫游泳时一般反口面向前,像车轮一样转动,因此得名。车轮虫用附着盘附着在鱼的体表和鳃上,来回滑动。车轮虫少量寄生时,鱼无明显症状。一旦车轮虫大量在体表和鳃上寄生,鱼出现"白头白嘴"症状,或者离群绕池狂游,呈"跑马症"。有的病鱼无明显病症。鳃组织腐烂,鳃丝软骨外露,严重影响鱼的呼吸功能,使鱼缺氧窒息而死。

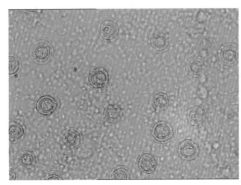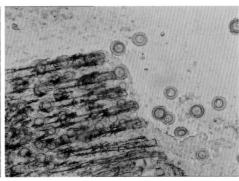

图 4-64 车轮虫病

2. 流行特点

车轮虫病流行范围广,主要危害体长 5 cm 以下的鱼苗。在水温 18 ℃以上开始流行,养殖密度大、水体水质偏肥时更易传播,虫体大量繁殖时对鱼苗和鱼种危害很大,严重时可造成死亡。该病传播速度快、感染率高、感染强度大,且易发生继发感染。

3. 防治建议

加强饲养管理,保持良好的水质。鱼苗、鱼种放养前,用生石灰和漂白粉对池塘进行彻底消毒。用质量分数为 1.5%～2.0%的食盐水溶液浸泡苗种 10～15 min,以防其携带寄生虫。发病时每升水体用 0.7 mg 硫酸铜(或者硫酸铜与硫酸亚铁质量比为 5∶2 的硫酸铜－硫酸亚铁合剂)、硫酸锌或其他国家批准使用的纤毛虫类杀虫剂全池泼洒,之后要使用柠檬酸等进行解毒,同时保证水体溶解氧充足。

(八)斜管虫病

病原为斜管虫。

1. 发病症状

斜管虫常寄生于成鱼鳃上、鱼苗体表和鳃上。感染成鱼无明显症状,偶有摄食量减少或不安静的现象。镜检可观察到大量口管呈漏斗状的卵圆形虫体,虫体上有 D 形纤毛环(图 4-65)。感染鱼苗体发黑、溃疡,有时候会继发水霉感染(图 4-65)。

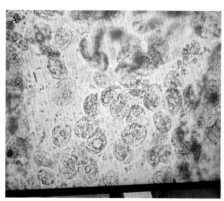

显微镜观察斜管虫有 D 形的纤毛环（A）。病鱼体发黑、溃疡（B）

图 4-65 斜管虫病

2. 流行特点

斜管虫最适繁殖温度为 12～18 ℃，主要危害鱼苗、鱼种。斜管虫病为苗种培育阶段常见鱼病。

3. 防治建议

基本同车轮虫病。杀斜管虫不理想时，养殖户往往选择使用甲醛，但甲醛刺激性大且易坏水。一定要注意使用柠檬酸等进行解毒，同时保证水体溶解氧充足。

（九）杯体虫病

病原是杯体虫。

1. 发病症状

杯体虫寄生于鱼类的体表、鳃、鳍条（图 4-66）。患病鱼游动缓慢，呼吸困难。

图 4-66 显微镜观察大口黑鲈体表杯体虫密集分布

2. 流行特点

该病在 3—5 月的培苗期流行，主要危害鱼苗，且容易产生继发感染。

3. 防治建议

同车轮虫病。

（十）单殖吸虫病

病原是指环虫或三代虫（图4-67）。

1. 发病症状

鳃明显浮肿、失血（图4-67），鳃盖张开，鳃丝腐烂缺损，呈继发性烂鳃特征。病鱼精神呆滞，严重时停止摄食。该类寄生虫轻度感染对鱼的危害不大，短期内不会造成大量死亡，特别是成鱼。但在高温季节极易引发出血病，同时饵料系数会明显增高，病鱼食欲缺乏并且体虚无力，最终漂浮水面死亡。

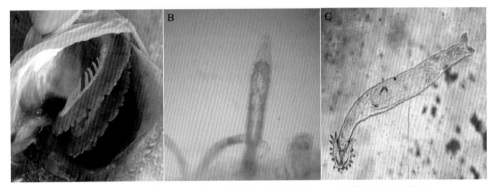

A. 患单殖吸虫病的鱼鳃浮肿；B. 显微镜下的指环虫；C. 显微镜下的三代虫

图4-67　单殖吸虫病

2. 流行特点

单殖吸虫病多发于春末夏初。病原适宜繁殖温度为 20 ～ 25 ℃。鱼免疫力差易患此病，通常会发生细菌继发性感染而死亡。

3. 防治建议

加强饲养管理，保持良好的水质。鱼苗、鱼种放养前，用生石灰和漂白粉对池塘进行彻底消毒。用质量分数为 1.5%～ 2.0%的食盐水溶液浸泡苗种 10 ～ 15 min，以防其携带寄生虫。发病后，内服绵马贯众散、厚朴散等批准使用的中草药，用量用法参考药物说明书；用甲苯达唑按每立方米 1.0 ～ 1.5 g 的量全池泼洒。

（十一）水霉病

病原是水霉。

1. 发病症状

病鱼鳞片脱落且附着有白色棉絮状绒毛（图4-68），或者体表出现伤口。病鱼食欲缺乏并且体虚无力，最终漂浮水面死亡。

A. 患水霉病的鱼背部黏附物；B. 患水霉病的鱼体表黏附物；C. 显微镜下观察的菌丝

图 4-68 水霉病

2. 流行特点

水霉病多发于春季。鱼受伤后容易患此病，通常死于溃疡病灶的继发感染。

3. 防治建议

池塘每年清塘消毒 1 次。避免鱼受伤，受伤的鱼体用食盐和小苏打消毒，亲鱼用碘液涂抹伤口。发病时，出现轻微的水霉，建议用高效络合碘加硫醚沙星或者水杨酸、五倍子煎液等泼洒，可使用"美婷"制剂治疗，或者用质量分数为 3%～4% 的食盐水溶液浸洗 3～4 min。发病严重时，可用戊二醛加苯扎溴铵对水体进行消毒，同时饲喂抗菌药物和维生素，防止继发性感染。

（十二）大口黑鲈热应激

1. 发病症状

陆基养殖模式中水体比较小，水体的温度等受环境影响比较大。夏季高温季节，大口黑鲈易出现热应激，表现为摄食量减少，出现白肝、花肝、烂身、出血等症状，免疫力降低，易被疾病侵袭，造成损失（图 4-69）。

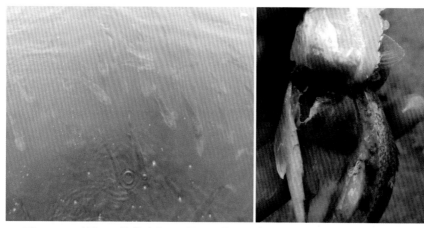

图 4-69 陆基工厂化养殖大口黑鲈出现热应激（35～37 ℃），表现出花肝症状

2. 流行特点

大口黑鲈热应激多发于夏季。大口黑鲈最适生长温度是 20 ～ 28 ℃。如果水温长期高于 30 ℃,大口黑鲈长期处于热应激的状态下,肝脏健康水平下降,肠消化吸收能力变差,抗病能力变差,加上高温期正是大口黑鲈快速生长的时期,大口黑鲈摄食旺盛,加重了肝脏、胆囊和肠的负担,造成肝脏、胆囊和肠疾病的发生。

3. 防治建议

避免鱼体受伤。把握好投喂的时间,早上投喂提前至 6—7 点,下午投喂延迟至 19 点左右,避开阳光直射的高温时段。有条件的可在投料区域搭设遮阳网,尽量降低水体温度。使用过硫酸氢钾、高铁酸钾、二氧化氯、过碳酸钠、过氧化钙等减少底热、底冒泡和底部耗氧。增强鱼体质,定期使用维生素、乳酸菌等。适当饲喂清热解毒的中草药等。做好肥水工作,降低氨氮、亚硝酸盐的含量,维持藻相平衡,保证水质指标的正常。

九、大宗淡水鱼病害

(一) 鲤春病毒血症

鲤春病毒血症为一种病毒性疾病。

1. 发病症状

病鱼全池漂游,反应迟钝,有的聚集在进水口微流水处。体色变黑;鳃苍白;眼球突出;腹部膨大,有大量腹水。有些急性死亡病例见不到上述症状。常与细菌性疾病和寄生虫病并发。病鱼严重贫血和鳔出血是该病的主要鉴别症状。(图 4-70)

病鱼眼球突出,腹部膨大　　　　鳔出血

图 4-70　鲤春病毒血症

(摘自江育林《水生动物疾病诊断图鉴(第二版)》,北京:中国农业出版社,2012)

2. 流行特点

鲤春病毒血症春季水温 7 ℃以上开始发生，15 ～ 17 ℃为流行高峰，当水温超过 22 ℃就不再发病。

3. 防治建议

该病尚无有效治疗措施，需综合防控。

（1）苗种检疫：严格履行水产苗种产地检疫，源头控制是防控该病最佳手段。

（2）加强饲养管理：注重越冬前培育，避免带病越冬。开春尽早开食，并投喂优质配合饲料，保障鱼体健康，提高免疫力。及时进行水体消毒，杀灭寄生虫，减少并发症发生。调控水质，保持水质清新。

（3）发病症状较轻时，以每升水体 0.5 mg 的量向发病鱼池泼洒聚维酮碘。随着鱼病情逐渐好转，及时跟进饲喂含三黄粉或其他抗病毒药物的优质全价配合饲料，直至完全康复。

（二）锦鲤疱疹病毒病

锦鲤疱疹病毒病是一种病毒性疾病，俗称"急性烂鳃"。

1. 发病症状

病鱼无方向感，缓慢游动，甚至停止游动。皮肤上出现苍白的斑块和水疱。全身多处明显出血，嘴、腹部和尾鳍最为明显。鳃丝腐烂、出血并分泌大量黏液。鱼眼凹陷。有些表现神经症状，极小的刺激能引起较强烈的反应。有腹水。典型病鱼脾脏紫黑色，肿大，变脆。病鱼发病 1 ～ 2 d 即发生死亡，死亡率为 30% ～ 80%，严重的达 100%。（图 4-71）

2. 流行特点

锦鲤疱疹病毒病发生水温主要在 18 ～ 30 ℃，流行高峰水温为 23 ～ 28 ℃，在低于 18 ℃或高于 30 ℃感染不会引起死亡。通常在山东地区此病有 4—6 月和 9—10 月两个流行期。

3. 防治建议

该病亦无有效治疗措施，需综合防控。除严格苗种检疫外，需加强春季饲养管理，及时水体消毒、杀灭寄生虫，调控水质，减少诱因。发病后，需慎重用药，以免造成应激性大量死亡。

发病鱼池需强制消毒，病死鱼需做无害化处理。及时开展流行病学调查和病原溯源，发生过该病的养成鲤鱼或锦鲤严禁作为亲鱼使用。

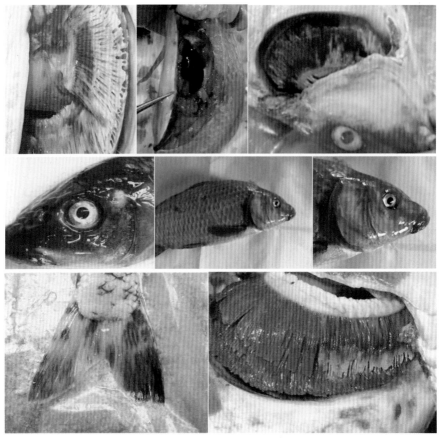

图 4-71　锦鲤疱疹病毒病

（三）鲤浮肿病

鲤浮肿病是一种病毒性疾病，也称锦鲤昏睡病。

1. 发病症状

病鱼鳃烂、眼凹，昏睡，与患锦鲤疱疹病毒病症状极为相似。

2. 流行特点

发病水温 17 ～ 28 ℃，低于 17 ℃一般不发病。该病主要危害鲤鱼和锦鲤。

3. 防治建议

同锦鲤疱疹病毒病。

（四）鲤痘疮病

鲤痘疮病是一种病毒性疾病。

1. 发病症状

发病初期体表出现乳白色小斑点，并覆盖一层很薄的白色黏液；后期白点逐渐增多、扩大和变厚,形成石蜡样增生物,形似痘疮(图 4-72)。这种增生物一般不易抹擦掉,但增长到一定程度可自然脱落,原患部可再次出现新的增生物。病鱼消瘦,游动迟缓,严重者死亡。

图 4-72　鲤痘疮病

2. 流行特点

鲤痘疮病流行于冬季及早春水温 10 ～ 16 ℃时。水质过肥容易发病。该病随水温升高逐渐自愈。

3. 防治建议

(1)强化越冬前、越冬后饲养管理,增强鱼体抵抗力。

(2)加强水质调控,减少发病诱因。

(3)以每升水体 0.3 mg 的量向发病鱼池遍洒聚维酮碘,阻断病原传播,控制疫情。

(五)草鱼出血病

草鱼出血病是一种病毒性疾病。

1. 发病症状

病鱼发黑或微红,一般表现为 3 种类型:① 红肌肉型:主要症状为肌肉明显出血,全身肌肉呈鲜红色,鳃丝因严重出血而苍白,多见于 5 ～ 10 cm 的小草鱼。② 红鳍红鳃盖型:主要症状为鳍基、鳃盖严重出血,头顶、口腔和眼眶等处有出血点,多见于 10 cm 以上的大草鱼。③ 肠炎型:主要症状为肠严重充血,全部或局部呈鲜红色;内脏点状出血;体表亦可见到出血点;在各种规格的草鱼鱼种中均可见到。发病鱼池中往往同时具有 2 种或 3 种类型的病鱼。(图 4-73)

2. 流行特点

草鱼出血病主要发生于 4—10 月、水温在 20 ～ 30 ℃的季节,以 25 ～ 28 ℃时最为流行。在山东地区 4—6 月和 9—10 月是此病的两个流行高峰期。

3. 防治建议

(1)种苗检疫是防控该病的最佳手段。

图 4-73　草鱼出血病

（2）注射草鱼出血病疫苗可有效预防该病的发生。

（3）高密度养殖和敏感季节，可同时采用水体消毒，饲喂抗病毒药物、免疫增强剂和中草药（如三黄粉）等。

（4）发病鱼池需强制消毒，病死鱼需做无害化处理。及时开展流行病学调查和病原溯源，发生过该病的养成草鱼严禁作为亲鱼使用。

（六）鲫造血器官坏死病

1. 发病症状

病鱼体表广泛性充血，侧线鳞以下及胸部充血尤为明显。鳃出血，鳃丝肿胀，附有大量黏液，呈暗红色，鳃盖张合困难。鱼体离水跳跃过程中，会有血水从鳃盖下缘流出，严重者血流如注，这是该病的典型特征。此外，伴有蛀鳍现象。（图 4-74）

图 4-74　鲫造血器官坏死病

2. 流行特点

该病流行于 4—11 月，高峰季节为 4—6 月和 9—11 月。该病流行时水温为 15 ～ 25 ℃，在水温升至 26 ℃时较少发生。

3. 防治建议

（1）种苗检疫是预防该病的最佳手段。

（2）敏感季节饲喂中草药、抗病毒药物、维生素 C 等，池塘中泼洒聚维酮碘或蛋氨酸碘，预防该病发生。

（3）发病鱼池需强制消毒，病死鱼需做无害化处理。及时开展流行病学调查和病原溯源，发生过该病的养成鲫鱼严禁作为亲鱼使用。

（七）细菌性出血败血综合征

1. 发病症状

鱼体多处充血发红或出血，溃疡，头、腹、口腔、体侧和鳍条基部出现充血性红色斑点。鳃苍白色或紫色，鳃丝肿胀，多黏液。多有腹水。后肠充血。肝脏土黄色，胆囊增大。（图4-75）

图 4-75 细菌性出血败血综合征

2. 流行特点

各类鱼均可患病。流行时间为 3—11 月，6—9 月是该病的高发季节。发病高峰水温为 25 ～ 32 ℃，9 ～ 36 ℃均有该病流行，10 月水温下降后病情有所缓和。

3. 防治建议

（1）加强饲养管理：控制养殖密度，合理搭配品种，使用微生态制剂调节水质，保证溶解氧充足。

（2）对于发病鱼池，可用生石灰（每升水体 20 ～ 30 mg）、二氧化氯（每升水体 0.5 mg）或聚维酮碘（每升水体 0.5 mg）全池泼洒消毒。同时拌饲投喂氟苯尼考：每天每千克鱼用量 30 mg，连喂 3 ～ 5 d；或者投喂复方磺胺药饵；每千克鱼第 1 d 用药 100 mg，第 2 d 起用量减半，连喂 1 周。

（八）烂鳃病

1. 发病症状

病鱼体发黑，离群独游，鳃上黏液增多，鳃丝腐烂带泥。病情严重时，鳃丝末端软骨外露；鳃盖出现"开天窗"现象；鱼出现呼吸困难而死亡。（图4-76）

图 4-76　烂鳃病

2. 流行特点

烂鳃病主要危害草鱼。该病在水温 15 ℃以上开始发生和流行。发病时间在南方为 4—10 月,在北方为 5—9 月,7—8 月为发病高峰期。

3. 防治建议

(1) 养殖季节定期用生石灰按 10 ～ 20 mg/L 的量或用二氧化氯按 0.3 mg/L 的量对全池进行消毒。

(2) 鱼种放养或分塘前,用质量分数为 2%～ 4% 的食盐水溶液浸洗 10 ～ 20 min。

(3) 发病鱼池可用二氧化氯按 0.5 mg/L 的量或聚维酮碘按 0.3 mg/L 的量全池泼洒,同时拌饲药饵,方法同细菌性出血败血综合征。

(九) 细菌性肠炎病

1. 发病症状

病鱼食欲缺乏,行动缓慢,常离群独游。体发黑,腹部膨大,肛门外突、红肿,挤压腹壁有黄红色腹水流出。剖检拨开肠管,可见肠壁局部充血发炎,内无食物,黏液较多。发病后期,全肠呈红色,肠壁弹性差,充满淡黄色黏液。(图 4-77)

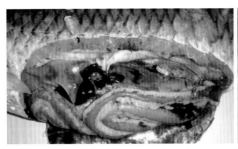

图 4-77　细菌性肠炎病

2. 流行特点

细菌性肠炎病主要危害草鱼。此病在水温 18 ℃以上开始流行,流行高峰时的水温为 25 ～ 30 ℃,发病严重时死亡率在 90％以上。

3. 防治建议

(1)彻底清塘消毒,保持水质清洁。严格执行"四消四定"措施。投喂新鲜饲料,不喂变质饲料,是预防此病的关键。

(2)鱼种放养前用浓度为 8 ～ 10 mg/L 的漂白粉溶液浸泡 15 ～ 30 min。

(3)发病季节,每隔 15 d,用漂白粉按每升水体 1 mg 的量或用生石灰按每升水体 20 ～ 30 mg 的量全池泼洒。

(4)除泼洒漂白粉或生石灰外,每天将捣烂的大蒜按每千克鱼 5 g 或将大蒜素和食盐分别按每千克鱼 0.02 g 和 0.5 g 的量,拌于饲料,分上午和下午两次投喂,连喂 3 d;或投喂复方磺胺药饵:每千克鱼第 1 d 用药 100 mg,第 2 d 起减半,连喂 1 周。

(十)赤皮病

1. 发病症状

病鱼体表局部或大部分鳞片脱落,出血,发炎,特别是鱼体两侧和腹部最为明显。鳍的基部或整个鳍充血,末端腐烂鳍条间组织被破坏,呈扫帚状,出现蛀鳍现象。(图 4-78)

图 4-78　赤皮病

2. 流行特点

赤皮病主要危害草鱼。一年四季都有发生。在北方越冬后以及水温 25 ～ 30 ℃时该病最为流行。

3. 防治建议

(1)投喂高品质饲料,提高鱼的免疫力。

（2）捕捞时改进捕捞工具，轻柔操作，减少对鱼体的伤害。

（3）拉网前后用漂白粉按每升水体10～20 mg的量或用二氧化氯按每升水体0.5 mg的量全池泼洒。

（4）发病鱼池消毒和饲喂药物方式同细菌性肠炎病。

（十一）竖鳞病

1. 发病症状

病鱼离群独游。体发黑，体表粗糙。鱼体前部鳞片竖立（严重时全身鳞片竖立），鳞囊内积有半透明液体（图4-79）。用手指轻压，积液可从鳞片下喷出，鳞片随之脱落。有时伴有鳍基部充血，眼球突出，腹部膨大，贫血。如不及时进行治疗，经2～3 d，病鱼就会死亡。

图4-79　竖鳞病

2. 流行特点

竖鳞病主要危害鲤鱼、鲫、金鱼。竖鳞病主要发生于春季，水温为17～22 ℃时，在北方地区非流水养鱼池中较流行。

3. 防治建议

（1）在捕捞、运输、放养时，细心操作，勿使鱼体受伤。

（2）放养前可用质量分数为3%～4%的食盐水溶液浸泡鱼体10～20 min。

（3）发病时可用全池泼洒消毒剂、拌饲药饵的方式加以治疗，方法同细菌性肠炎病。

（十二）打印病

1. 发病症状

病鱼通常在肛门附近两侧或尾鳍基部出现溃疡症状，患病亲鱼全身各处都可出现病灶。初期皮肤及肌肉出现红斑。随着病情的发展，鳞片脱落，肌肉糜烂。病灶的直径逐渐扩大和程度加深，形成溃疡，严重时甚至露出骨骼和内脏。病灶呈圆形或椭圆形，周缘充血发红，状似打上了一个红色印记（图4-80）。

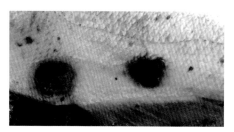

图 4-80 打印病

2. 流行特点

打印病主要危害鲢、鳙。本病终年可见,但以夏、秋季较易发病,其流行高峰期水温为 28 ～ 32 ℃。

3. 防治建议

(1)注意保持水质良好,经常杀灭寄生虫,预防虫媒感染。

(2)谨慎拉网操作,减少鱼体受伤。

(3)患病早期,用生石灰按每升水体 20 mg 的量或用二氧化氯按每升水体 0.5 mg 的量全池泼洒。每天 1 次,连用 3 d。患病亲鱼按每千克鱼 20 mg 的量腹腔或肌肉注射硫酸链霉素治疗。

(十三)车轮虫病

1. 发病症状

车轮虫主要寄生在鱼类鳃、皮肤等处(图4-81)。大量车轮虫附着和来回滑行,刺激鳃丝大量分泌黏液,形成一层黏液层,妨碍呼吸。患病的苗种或幼鱼常往水草或池壁上摩擦身体,体色暗淡,食欲缺乏,甚至拒食,鳃组织坏死、崩解,呼吸困难,衰弱而死。

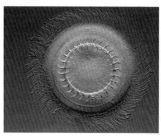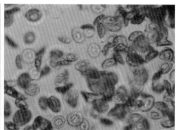

图 4-81 车轮虫

2. 流行特点

车轮虫病发病水温 20 ～ 28 ℃,流行于 4—7 月,夏、秋季为流行高峰期。当环境不良时,如在水体小、放养密度过大和连续下雨的情况下,车轮虫往往大量繁殖,引起鱼苗、鱼种死亡,有时死亡率较高。

3. 防治建议

（1）池塘放鱼前用有生石灰和漂白粉彻底清塘消毒。

（2）发病时，用硫酸铜或硫酸铜–硫酸亚铁合剂（硫酸铜与硫酸亚铁质量比为5∶2）按每升水体 0.7 mg 的量全池泼洒。

（十四）小瓜虫病

1. 发病症状

小瓜虫寄生于体表，形成白点状孢囊。严重时，躯干、头、鳍、鳃和口腔等处都布满小白点，有时眼角膜上也有小白点，伴有大量黏液。病鱼体发黑，消瘦，游动异常。体表糜烂，鳞片脱落。鳍条裂开，甚至出现蛀鳍现象。鳃上有大量的小瓜虫，黏液增多，鳃小片破坏，鳃上皮增生或部分鳃贫血。小瓜虫若侵入眼角膜，引起发炎、失明。病鱼体常与固态物摩擦，最后因呼吸困难而死。显微镜下可见虫体蠕动，细胞核呈 U 形或腊肠形。（图 4-82）

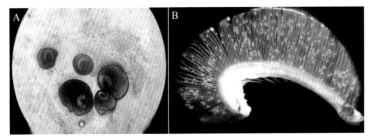

A. 显微镜下的小瓜虫；B. 鳃上布满小白点，鳃小片破坏

图 4-82　小瓜虫病

2. 流行特点

小瓜虫病主要流行于春、秋季节，水温为 15 ～ 25 ℃时。水质恶劣、养殖密度较高、鱼体抵抗力低是发病诱因。

3. 防治建议

（1）防止携带虫体的野生鱼进入池塘。

（2）鱼下塘前抽样检查，从源头进行控制。

（3）饲喂优质全价饲料，保证鱼体健康。

（4）针对该病关键是预防。发病时，可用质量分数为 2%～ 4%的食盐水溶液浸洗。

（十五）指环虫病

1. 发病症状

指环虫大量寄生时，病鱼鳃显著浮肿，鳃盖张开，鳃丝黏液增多且全部或部分呈苍白色,妨碍呼吸。有时可见大量虫体挤出鳃外。病鱼游动缓慢,直至死亡。

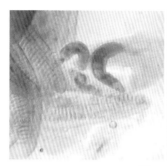
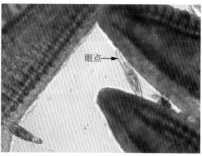

眼点

图 4-83　指环虫病

2. 流行特点

指环虫病是一种常见、多发性寄生虫病,流行较广,主要以虫卵和幼虫传播,主要流行于春末夏初。大量寄生可使鱼苗、鱼种死亡,对鲢、鳙、草鱼危害最大。

3. 防治建议

(1)鱼塘放养前,用生石灰彻底清塘。

(2)鱼种若携带指环虫,放养前可用 5 mg/L 的精制敌百虫粉水溶液药浴15 ～ 30 min,进行驱杀。

(3)向发病鱼池以 0.5 mg/L 的量遍洒精制敌百虫,或以每升水体 0.15 mg的量遍洒甲苯达唑溶液(有效含量 10%)。

(十六)三代虫

1. 发病症状

三代虫寄生在鱼鳃和体表(图 4-84)。三代虫寄生数量多时,鱼体瘦弱,呼吸困难,食欲缺乏,体表和鳃黏液增多,鳃丝肿胀,鳍条可见蛀鳍现象。

图 4-84　三代虫

2. 流行特点

三代虫寄生于鱼的体表及鳃上,分布很广,主要危害草鱼、鲢、鳙等淡水鱼类,尤其是鱼苗、鱼种。春末夏初,水温 20 ℃左右是三代虫病高发期。

3. 防治建议

参照指环虫病。

(十七)中华鳋病

1. 发病症状

轻度感染时一般无明显症状。严重感染时,病鱼呼吸困难,焦躁不安,在水表层打转或狂游,尾鳍上叶常露出水面(所以此病俗称"翘尾巴病"),最后消瘦、窒息而死。病鱼鳃苍白,黏液增多,鳃丝末端膨大成棒槌状,有淤血或有出血点,肉眼可见白色卵囊。(图 4-85)

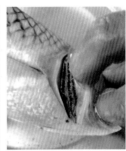

图 4-85　中华鳋病

2. 流行特点

全国各地均有发生,主要流行于 5 月下旬至 9 月上旬。大中华鳋主要危害二龄以上草鱼、鲢,中华鳋主要危害二龄以上鲢、鳙,严重时均可引起病鱼死亡。

3. 防治建议

(1)鱼种放养前,用浓度为 0.7 mg/L 硫酸铜 – 硫酸亚铁合剂溶液(硫酸铜与硫酸亚铁质量比为 5∶2)浸洗 20 ～ 30 min,灭虫体。

(2)发病时,向发病鱼池以每升水体 0.5 mg 的量遍洒精制敌百虫粉。

(十八)锚头鳋病

1. 发病症状

锚头鳋以头部插入鱼鳞下肌肉寄生,身体大部露在外面,肉眼可见,外形如针,所以此病俗称"针虫病"(图 4-86)。虫体大量寄生、鱼患病时间较长时,因虫体表面又有原生动物或藻类附着,病鱼形如披上蓑衣,所以此病又称"蓑衣病"。病鱼通常烦躁不安,食欲缺乏,行动迟缓,身体瘦弱,寄生处组织常充血、发炎。锚头鳋寄生在口腔,引起口腔不能关闭,影响摄食。

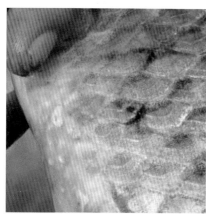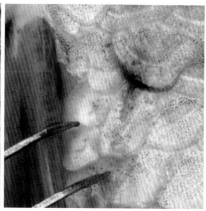

图 4-86　锚头蚤病

2. 流行特点

为全国性流行,犹以南方病情最为严重,鱼种和成鱼均可感染,发病水温12～33 ℃,夏季是发病高峰期。锚头蚤对草鱼、鲢、鳙鱼苗、鱼种危害较严重,大量寄生时可引起鱼苗、鱼种大批死亡。

3. 防治建议

参照中华蚤病。

(十九) 绦虫病

1. 发病症状

病鱼消瘦,腹部膨大,严重时失去平衡,鱼侧游上浮或腹部朝上。解剖时,可见到鱼体腔中充满大量白色带状的虫体,内脏受压而变形萎缩,正常机能受抑制或遭破坏,引起鱼体发育受阻(图4-87)。

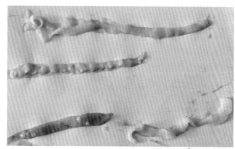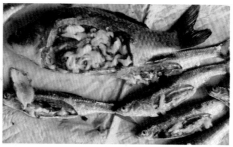

图 4-87　绦虫病

2. 流行特点

发生范围较广,包括池塘、水库、江河,尤其在大水面水体流行,主要危害鲫、鲢、鳙、鲤等鱼类,无明显的流行季节。

3. 防治建议

（1）驱赶终末宿主鸥鸟，阻断该病传播（尤其适用于水库等无法用药的大水面水体）。

（2）向养殖池塘按每升水体 0.3 ～ 0.5 mg 的量全池泼洒晶体敌百虫，杀灭中间宿主剑水蚤，切断传播途径。

（3）发病时，除用晶体敌百虫泼洒外，将吡喹酮按每千克饲料加 1 g 的量拌饵投喂。

（二十）孢子虫病

1. 发病症状

孢子虫是一大类多种属寄生虫。不同孢子虫寄生部位不同，感染鱼导致的症状不同。鳃寄生的种类导致鳃组织出现白色节结，呼吸机能受阻碍（图 4-88）；体表寄生的种类可导致病鱼体表赘生瘤状物；体内及肠寄生的种类可导致肠内充满瘤状物，引起鱼体机能失调，食欲缺乏；寄生在中枢神经系统的可引起病鱼狂游打转，俗称"疯狂病"等等症状表现。

2. 流行特点

该病在春、夏季节流行，几乎危害所有淡水鱼类的鱼种及成鱼。

3. 防治建议

（1）鱼苗放养前，要严格检疫。

（2）定期改底消毒，改善水体环境，保持水质优良。

（3）发病时，使用晶体敌百虫按每升水体 0.5 ～ 3 mg 的量全池泼洒，隔天 1 次，连用 3 次。也可将地克珠利等抗球虫药拌饵投喂，辅助治疗。

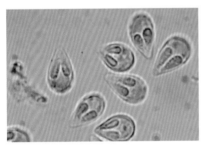

图 4-88　孢子虫病

第五部分　病害防治技术

一、刺参池塘养殖高温灾害综合防治技术

（一）研发背景

进入 21 世纪,刺参养殖发展迅猛,形成了养殖面积 300 万亩、养殖产量 20 余万吨、年直接产值达 300 多亿元的庞大产业。刺参养殖以山东胶东地区、辽宁、河北沿海为主产区,并以北参南移、东参西养的形式逐步延伸到闽浙沿海和黄河三角洲地区,为沿海经济结构调整和渔民就业增收开辟了一条新的途径。然而,自 2013 年以来,夏季持续高温的极端天气造成我国的刺参养殖产业大幅震荡,不仅导致严重的经济损失,而且沉重打击了从业者的信心。从养殖模式上看,池塘养殖是主要的养殖形式,并且受灾最为严重。据调查分析,2018 年夏季高温期辽宁、河北两省的养殖刺参损失超过 90%,山东省养殖刺参损失超过 70%,合计经济损失 150 亿元左右。由此看出,夏季高温灾害已成为制约刺参稳定可持续产出的关键因素。气象研究预测未来 5 年,"反常的高温"持续存在。夏季高温灾害防控将是刺参养殖病害防控工作的重中之重。针对高温威胁刺参生存的关键因素,围绕刺参池塘养殖的各个环节,建立了"抗逆新品种 + 环境调控 + 工艺优化"一体化的高温灾害防控技术体系,为抵御高温灾害、提高养殖成活率、稳定养殖产量、保障产业可持续发展提供科技支撑,对海参产业二次振兴具有重要的现实意义。

（二）技术要点及参数

根据近年来高温灾害暴发特点,结合海参养殖管理工艺,需从苗种选择、池塘改造、环境调控、高温期管理等方面进行技术工艺优化升级,形成"抗逆新品种 + 环境调控 + 工艺优化"一体化的高温灾害防控技术体系。

1. 苗种选择

（1）在种质选择上,投放抗逆、耐高温的苗种进行养殖,从种质上提高刺参的抗逆能力。

（2）在投苗规格上,采用分级养殖的方式。池塘养殖时秋季投放每头

15～30 g 的大规格苗种,并控制适宜的养殖密度(5 000～7 000 头／亩),缩短养成周期,力争在次年高温前使刺参达到上市规格,出池销售,降低养殖风险。

2. 池塘标准化改造

(1)对养殖池塘进行标准化建设或工程化改造,池塘水深一般在1.8～2.5 m。

(2)设置进、排水闸门,保障进、排水通畅。

(3)在池底增设充氧管等增氧设施。

(4)对坝体用水泥或土工布进行护坡改造。

(5)在池塘底部敷设瓦礁(图5-1)、复层组合式立体海参附着基等硬质参礁,既可有效达到遮挡阳光和降温的效果,还可以形成立体空间,为刺参创造良好的栖息环境。

图 5-1　养殖池塘中瓦礁附着基

3. 池塘养殖环境调控

(1)刺参的成活率主要取决于水温高低和水质条件。因此,春、秋刺参摄食旺盛的季节,在池水中泼洒微生态制剂调控池塘水质,降低水体中的氨氮、亚硝酸盐等有害物质含量,预防高温期水质恶化对刺参造成毒害作用。

(2)在春季适时进行肥水,培养池塘中的基础饵料,以将水体的透明度维持在40～60 cm,防止强光对池底照射并减少池底大型藻类的暴发式生长。

(3)春季海参摄食旺盛期投喂发酵饲料,夏季水温升高且海参摄食量降低时,应适时停止饵料投喂,避免饵料过剩、沉积、腐败导致水质、底质败坏。

(4)采用"参－虾－贝混养"等多品种综合养殖,使养殖品种在能量传递上互益互利,阻断病原传播,减少疾病发生。构建耐盐植物浮床,有效利用池塘中的有机物和营养盐,并为池底遮阴降温,营造稳定、适宜的池塘生态环境。

4. 高温期养殖管理工艺

(1)需要及时清除已经受灾的池塘中的漂浮性有机物和死亡的海参,防止其腐败后沉入池底造成水质、底质败坏和病原滋生。

（2）在涨潮期的夜间或凌晨对池塘进行换水操作，尽量加大池塘水深并增加换水量，以降低池塘水温。

（3）在小型池塘上方可增设遮阳网，避免阳光直射引起的池塘水温快速上升。

（4）在夜间或清晨利用充氧设施增加池塘充氧时间，同时尽快向池塘中投入增氧颗粒、水质调节剂、微生态制剂等产品，防止高温作用下池底有机物腐败加剧海参的死亡。

（5）向池塘遍洒水色调节剂等产品，降低池水的透明度，达到遮挡阳光和降温的效果。

（6）池塘中安装冷能气悬降温装置(图5-2)，主动掌控池塘底层水温，提升池塘养殖刺参夏季高温防御能力，实现刺参安全度夏。

图5-2　冷能气悬降温装置

5. 高温过后的管理工艺

高温发生后，池塘生态系统受到严重威胁。为修复高温期被破坏的池塘养殖生态系统，抑制病原菌的繁殖，减少对刺参的二次伤害，需进行适宜的处置措施。

（1）对刺参存塘数量、健康状况、水质和底质状况进行综合评估。损失严重的池塘，需进行清塘和消毒操作。

（2）损失较轻的池塘，应加强管理，及时使用水质调节剂、微生态制剂等产品对池塘水质、底质进行调控，使用过硫酸氢钾复合盐等产品抑制病原菌繁殖、改良底质。

（3）当秋季刺参摄食时，在饲料中适当添加中草药、免疫增强剂等产品，提高高温期过后刺参的抵抗力。

（三）技术示范推广情况

核心技术"刺参池塘养殖高温灾害综合防御技术"在山东省3个刺参主产区——青岛、威海、东营地区进行了示范应用。示范总面积2.6万亩。在示范区域内采取了抗逆新品种推广、池塘工程化改造、环境调控、高温期技术防御等措施。在40多家养殖企业（户）推广冷能气悬降温装置，应用面积达到3 000余亩。结果表明：在底层水温29～30 ℃时，仍可观察到大量体重为58～145 g的海参摄食及爬行；当高温期一般池塘水温升至33～34 ℃时，安装冷能气悬降温装置的池塘底层水温可控制在30 ℃以下，池塘底层水温降低3～5 ℃，养殖刺参实现了安全度夏。

以该技术为核心获得了刺参"参优1号"国审新品种（GS-01-016-2017，图5-3）、全国农牧渔业丰收奖农业技术推广合作奖、中国产学研合作创新成果奖一等奖、中国水产科学研究院科技进步奖一等奖、2017年中国国际现代渔业暨渔业科技博览会养殖增效绿色发展贡献奖等科技成果，"水产养殖池塘底部蓄冷降温装置及其应用技术"获第21届中国国际高新技术成果交易会优秀产品奖。

图5-3　刺参"参优1号"亲本（A）及苗种（B）

（四）适宜区域

辽宁、山东、河北、天津、江苏等地区的刺参池塘养殖区。

（五）注意事项

（1）做好养殖生产规划：提前规划放苗、养殖、收获时间，养殖池塘每隔2～3年清池消毒1次，防止池底有机物的过度积累与腐败造成细菌的大量滋生和亚硝酸盐、氨氮、硫化氢等有害物质的增加，避免加剧高温期养殖刺参的应激和死亡。

（2）高温期间，避免在白天进行换水，应在夜间或凌晨外海海水温度较低时对池塘进行换水操作。

（3）高温期间，对漂浮的刺参应及时进行清理并做掩埋处置，禁止将死亡刺参直接堆放到养殖池坝上，以免造成病原的滋生和传播。

二、刺参工厂化安全度夏技术

（一）研发背景

山东省是我国刺参的重要原产地和第一养殖大省,目前全省刺参年养殖产量可达 9.2 万吨,产值逾 150 亿元,用仅占全省海水养殖 1.86% 的产量创造了约 20% 的产值。2013 年起,受厄尔尼诺现象的影响,我国沿海多地刺参增养殖产区连续受到高温、闷热和集中强降雨天气袭击,直接经济损失超过 160 亿元。其中,山东省 2013 年、2016 年受灾严重,损失超过 90 亿元;辽宁省 2018 年池塘养殖刺参受损比例达 96.4%,损失量高达 6.8 万吨。常态化的极端高温天气已成为影响我国刺参产业的首要风险因子。

近年来,刺参增养殖从业者日益注重以模式创新和技术升级来提升抗风险能力,应对极端天气常态化带来的挑战。在夏季高温期间将池塘养殖刺参移至工厂化车间暂养则成为规避夏灾影响的有效技术手段之一。目前,全国大多数生产单位对于工厂化度夏的刺参苗种培育密度、投饲量和频次以及水质调控参数、设施设置参数等关键技术参数均不明确,生产中普遍存在着技术工艺随意性较大、操作管理不规范以及培育效果差、成活率低、资源利用率低等瓶颈问题。本主推技术的发布和应用,将有效填补现有技术规范的缺失,推动刺参度夏生产效率的提升,促使产业向规范、科学的集约型工程化生产模式转型升级。

（二）技术要点及参数

核心技术及其配套技术主要内容。

1. 环境条件

工厂化度夏车间选择在海水及地下海水资源丰富、水质稳定、无大量淡水流入、无赤潮频发、与室外养殖池塘之间交通运输方便、电力充足、有淡水水源、环境符合海水养殖产地标准的区域。海区水质达到国家行业标准要求,夏季水温可控制在 ≤ 25 ℃,盐度 26 ~ 34,溶解氧 ≥ 4.0 mg/L,pH 7.8 ~ 8.4,氨氮 ≤ 0.6 mg/L。

2. 养殖设施

对于陆上封闭式室内养殖,水泥池、大型玻璃钢水槽等各种工厂化养殖设施均可使用,单池养殖池面积 20 ~ 50 m²,池深 0.8 ~ 1.0 m,池底排水顺畅,圆形、方形或八角形均可,以长方形为宜。配备进排水系统。其中,进水系统应有泵房、沉淀池、砂滤池、蓄水池及海水深水井、供水管道等,使用自然海水还需有调温池;排水系统应有排水管路及渠道,排水口远离进水口。增氧设施采用罗茨鼓风机进行充气增氧,池(槽)内设置微孔增氧管或气石。可采用深井海水或其他制冷设施降低水温,有条件的可在车间顶部铺设棉布等保温材料,墙体加建保温层。养殖

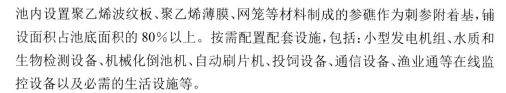

池内设置聚乙烯波纹板、聚乙烯薄膜、网笼等材料制成的参礁作为刺参附着基,铺设面积占池底面积的80%以上。按需配置配套设施,包括:小型发电机组、水质和生物检测设备、机械化倒池机、自动刷片机、投饲设备、通信设备、渔业通等在线监控设备以及必需的生活设施等。

3. 高密度暂养

5月下旬至7月初将刺参从外塘移入室内。刺参规格20克/头以上,身体自然伸展,疣足与管足坚挺隆起,体色正常,活力强,不携带病原菌,外观无损伤、无畸形。可采用干运法运输:将刺参冲洗干净后放入充氧袋内,然后装入泡沫保温箱。保温箱中加冰,控制温度在15 ℃左右。运输时注意遮蔽,防止阳光直射。运输全程控制在4 h以内。暂养密度20 ～ 40 kg/m²,并根据刺参密度适当增加附着基数量,或设置多层附着基。暂养期间不投喂、不倒池,每日上午10点前换水1 ～ 2个量程,及时冲洗池底排泄物,保证溶解氧≥5.5 mg/L。

4. 疏散养殖

高密度暂养15 ～ 20 d后进行疏散养殖,养殖密度为8 ～ 20 kg/m²。疏散养殖期间水温能够控制在18 ℃以下时可按照刺参体重的1% ～ 2%投喂饲料。饲料种类包括专用商品配合饲料和自制海藻粉配合海泥等,质量符合《水产配合饲料 第7部分:刺参配合饲料》(GB/T 22919.7—2008)要求。提倡发酵8 ～ 12 h再投喂。疏散养殖期间保证溶解氧≥5.0 mg/L,8 ～ 10 d冲底1次,清除池底残饵、粪便等污物;注意干露时间不宜过长,一般在0.5 h内完成。

疏散养殖期间是以保证刺参存活为主要目的。定期监测水温、盐度、pH、溶解氧含量等水质指标,发现问题及时处理。做好养殖记录和用药记录,把当日各养殖池刺参活动情况、摄食情况、病害发生情况、使用药物名称、用药量、用药方法以及水温、水质、天气变化等由专人按照要求进行记录。

5. 病害防控

坚持以防为主、防治结合的原则。提倡用微生态制剂、免疫制剂和中草药改善池内生态环境和防治病害。商品配合饲料须选用正规厂家生产的,自制饲料也应符合相关标准。饲料中可以适量添加维生素、氨基酸及微生态制剂提高刺参的抗病能力。病害治疗实行专业渔业兽医处方制,由具有资质的专业渔业兽医出具治疗处方,对发生的刺参病害进行及时治疗,药物的使用应遵循《无公害食品 渔用药物使用准则》(NY 5071—2002)的要求。

6. 回池

8月底至9月初,气温、水温下降并稳定后,重新将刺参移到室外池塘。移出前2 ～ 3 d开始停食,移池时将工厂化车间池水排放至最低水位,以刺参不露出水

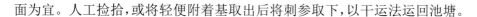

面为宜。人工捡拾,或将轻便附着基取出后将刺参取下,以干运法运回池塘。

(三)技术示范推广情况

本技术目前已在山东省东营、烟台、威海、日照等地区进行了示范应用,累计示范规模初步估算在 2.5 万立方以上。

本技术可为山东省刺参度夏养殖提供很好的技术支撑和科学保障,通过对养殖过程中环境条件、附着基等设施设置、苗种放养密度、疏散策略、水质调控、投饲方法以及清池消毒等关键技术内容的规定,可有效减少刺参养殖在夏季高温期间的生产损失,在科学利用陆基工厂化土地和水资源的同时,实现高密度、低能耗的安全培育,进一步简化生产步骤,降低成本,大幅提升生产效益,进而保障山东省"海上粮仓"建设的顺利进行。

示范点应用该技术后,刺参度夏成活率为 85% 以上,单位水体培育刺参效率提高 4 倍以上,在科学利用土地和地下水资源的同时,有效规避夏季高温对刺参养殖造成损失的风险因子,同时对调整山东省海水养殖产业结构、优化品种布局、促进产业转型升级和提质增效发展起到积极的推动作用。

(四)适宜区域

辽宁、山东、河北等地区的刺参池塘养殖区。

(五)注意事项

技术推广应用过程中需特别注意的环节。

(1)暂养期间严格做好日常各项记录工作,详细记录当天水温、水质、天气、消毒、投饲等各项情况,发现刺参异常及时捡出、疏散养殖,并采用调水措施改良生境。

(2)注意控光控温,外部气温过高时要控制充氧量,减小对暂养水温的影响,可施以增氧颗粒等。

(3)度夏前务必确保养殖设施安全有效运转。刺参度夏期间相对于适温养殖期抵抗力更弱,短时间异常即可造成损失。生境调控、病害防控等投入品使用应绿色安全,禁止使用假、劣兽药以及国家禁用药品和其他化合物,严禁使用农药和人用药品。

三、刺参 - 对虾生态化循环养殖技术

(一)研发背景

传统的刺参、对虾养殖生产多为单一品种的粗放型养殖模式,普遍存在着池

塘利用率低、生产成本高、劳动强度大、饲料等生产投入品使用较多、病害频发等弊端。特别是在黄河三角洲地区,由于特殊的地理环境,池塘海水存在着汛期盐度低、夏季温度高的问题,对养殖刺参生长影响较大,刺参成活率较低。加之当地养殖户仍普遍照搬胶东地区一次性投放小规格苗种,养殖 3 年,统一收获的生产模式,致使单产效益极低,不足胶东地区的 1/2,且生产风险较大,极易造成减产甚至绝产。如:2013 年夏季的持续高温闷热、集中强降雨天气直接导致山东省刺参池塘养殖产量减少 30%~40%,其中黄河三角洲地区池塘养殖产量减少达 90%,几近全军覆没,严重影响了从业者的生产积极性。此外,随着近年来养殖生产规模的不断拓展,产量的激增,超过了消费需求,致使刺参的价格波动较大,刺参产品的价格呈下降的势态,刺参养殖的利润率一再压缩,市场风险增加,渔民养殖效益受到较大影响。

本技术通过对刺参、对虾放养苗种规格、密度、时机的优选,以及对养殖废弃物资源化利用技术、养殖水环境与池塘生态调控技术等的集成创新,开发出适宜于海水池塘养殖的刺参－对虾循环健康养殖新模式(图 5-4),使两个具有较高价值的养殖品种实现生态高效循环养殖。这一养殖模式可有效降低病害的发生,完全符合质量效益型特色的现代海水养殖发展方向,有效满足了人们对水产品生态安全的质量需求,对我国刺参以及对虾养殖产业的健康持续发展起到积极的示范和推动作用。

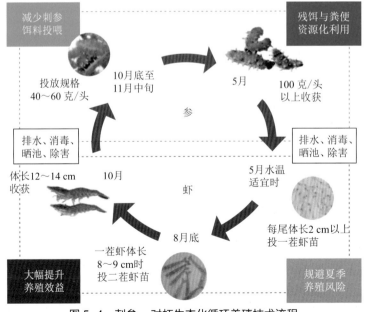

图 5-4　刺参－对虾生态化循环养殖技术流程

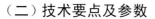

（二）技术要点及参数

1. 刺参养成

每年10月放苗,苗种规格为16～32头/千克,放养密度为50～100千克/亩。放苗后,水位逐渐降至1 m,日换水量10%～20%,每天增氧10～15 min,每周施用底质改良剂。水温降到10 ℃以下时,使水位高于1.5 m并使用微生态制剂。3月逐渐降低水位,使水位保持0.8～1 m,并在晴天中午打开增氧机。4—5月加大日换水量至10%～20%,每天中午开机增氧30～60 min,每15～20 d施用底质改良剂及微生态制剂。10月底后应加强投喂人工饵料;5 ℃以下后停止投饵;翌年2—3月重新开始投饵,3～5 d投饵1次,日投饵量是刺参体重的1%～3%,可根据刺参排便多少确定其投饵量。

2. 对虾养成

每年5月投放全长0.7 cm以上虾苗,密度为8 000～10 000尾/亩,具体根据养殖条件及管理水平而定。养殖前期逐步加水,至水深1.5 m时开始换水。每天换水10 cm左右,随气温升高可以逐步增大日换水量至20 cm。每10～15 d使用二溴海因消毒1次,消毒3 d后用光合细菌、EM菌等微生态制剂改良水质和底质。每日凌晨及傍晚各巡池1次。放苗30 d内每天中午和黎明前开增氧机2 h,30 d后随着虾质量增加延长开机时间,投饵时不增氧。投饵应分多次进行并且早、晚餐时多投。一般幼虾阶段日投饵6次。养殖末期日投饵4次,4点、10点、17点、20点时各投1次,且4点时及17点时的投饵量各占日投饵量的30%。

3. 生境调控

（1）调水改底:进入高温期后,每10 d左右施用芽孢杆菌,每7 d左右施用光合细菌等微生物制剂,可有效改善水质,调控底质,增强刺参抗逆性。

（2）防控大型藻类:控制大型藻类过度繁殖,以菌控为主,配合施用芽孢杆菌、光合菌等进行生物改底。

（三）技术示范推广情况

在黄河三角洲地区建立刺参-对虾生态化循环养殖技术示范基地2处,规模950亩,开展技术推广11 600亩,累计培训渔民460人次,亩产商品参210 kg以上、商品虾320 kg以上,较单养刺参节约饲料及人工成本40%以上,加之有效规避了汛期低盐及夏季高温刺参养殖风险,使养殖池塘的综合效益提高了150%以上,起到了显著的促进渔民增收、渔业增效作用。此外,在山东省东营、烟台、威海、青岛等地对技术进行了较大范围推广,总面积达5.4万亩,平均亩产刺参170 kg以上,对虾 200 kg 以上,较传统单养刺参模式综合效益提高 107%,取得了显著的经济效益、社会效益和生态效益。

(四)适宜区域

本技术适用于辽宁、山东、河北、天津、江苏等地区的刺参池塘养殖区,尤其适宜于春、夏季节水温较高、基础生物饵料丰富的河口型海湾池塘。

(五)注意事项

(1)刺参养殖期结束后需清塘,不得违规违法使用药物清塘。清底、消毒、晒池等措施可改善底质、防止池塘老化以及浒苔等大型藻类繁生。

(2)日常定时巡池,注意观察养殖个体活动、摄食等情况。发现异常个体,查出原因后及时采取相应措施。

(3)注意观测水质情况,特别是雨天、闷热天夜间要加强巡塘。限制使用机械性增氧机,极高温时增氧以采用增氧颗粒、增氧片为主。

(4)做好日常各项记录工作,记录当天水质、气候、投饵、消毒、防病治病用药等各项情况。

四、刺参高效生物饲料使用技术

(一)研发背景

我国刺参养殖历经多年发展,形成了庞大的海水养殖产业。然而在刺参配合饲料产业方面,刺参营养免疫学研究不足,营养对免疫机能的调控作用未得到有效发挥;营养与环境生态等学科的交叉研究缺乏,饲料利用率较低,含氮有机物、含磷有机物等大量累积在水体中,导致养殖环境污染。

本技术采用复合益生菌进行刺参饲料(或原料)的发酵,提升刺参对饲料中营养物质的吸收利用率,并有助于提高刺参免疫力、成活率,进而提高养殖效益。

(二)技术要点及参数

1. 复合益生菌制剂的开发

从刺参肠道分离到多株蛋白酶、纤维素酶、脂肪酶以及淀粉酶分泌能力较强的菌株。此外,从养殖环境中筛选出了对刺参腐皮综合征的主要致病菌如灿烂弧菌和假交替单胞菌有强抑制作用的菌株。经过协同性和安全性等一系列试验,对上述两类菌株进行有机复合,形成了刺参饲料专用发酵益生菌制剂。

2. 复合益生菌制剂对饲料的发酵效果

用复合益生菌制剂发酵鱼粉和扇贝裙边 3 d,游离氨基酸含量分别提高了

148.17％和228.22％,小肽含量分别提高了31.57％和60.36％(图5-5)。用复合益生菌发酵马尾藻3 d,还原糖含量提高了800.11％(图5-6)。原料发酵后,具有独特的芳香味,诱食性极佳。饲料发酵后,小肽、游离氨基酸和还原糖含量都有明显提高。

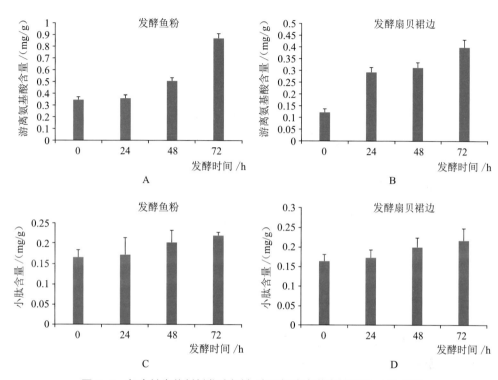

图5-5　复合益生菌制剂发酵鱼粉、扇贝裙边中游离氨基酸、小肽含量

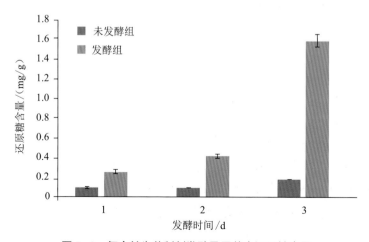

图5-6　复合益生菌制剂发酵马尾藻中还原糖含量

3. 发酵饲料的效果评价

用复合益生菌发酵后鱼粉和扇贝裙边作为主要蛋白源配制饲料饲喂刺参,刺参的特定生长率(SGR)比对照组(普通商品饲料)提高42.55%(图5-7)。刺参体内免疫相关酶超氧化物歧化酶(SOD)、溶菌酶(LZM)和过氧化氢酶(CAT)基因的表达量明显提高(图5-8)。投喂发酵饲料,可显著提高刺参对营养物质的消化吸收率,促进刺参生长,抑制刺参腐皮病的发生。

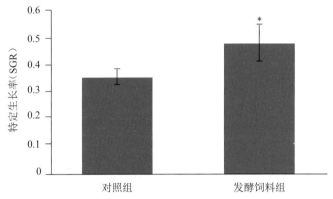

图5-7　发酵饲料饲喂的刺参的特定生长率

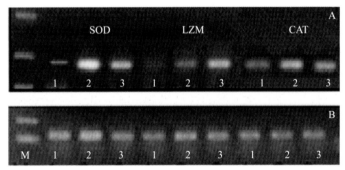

A. 免疫基因表达;B. 内参基因(β-actin)表达。1. 对照组;2. 发酵鱼粉组;3. 发酵扇贝边组

图5-8　发酵鱼粉和扇贝边对刺参免疫相关酶基因的影响

以提高刺参消化吸收能力和对营养物质的利用率为关键,根据刺参营养需求,将饲料发酵技术、功能性饲料添加剂等综合运用,创新性地开发出新型高效环保刺参生物饲料。该系列饲料可涵盖刺参养殖的各个阶段(育苗期、保苗期和养成期)和养殖模式,包括育保苗用粉末饲料、养成用颗粒饲料及浓缩粉末饲料等。

4. 生物饲料制作方式

(1)饲料原料分类发酵。

对饲料中鱼粉、豆粕或马尾藻等分别进行发酵,然后按照配方进行混合制成成品生物饲料。对于鱼粉等动物蛋白原料，以分解蛋白质的菌株为主进行发酵；对于豆粕等植物蛋白原料，采用将分解蛋白质和纤维素的菌株均衡搭配的策略进行发酵；对于马尾藻等大型海藻以分解纤维素的菌株为主进行发酵。发酵时，按照饲料质量的 5%～10% 的比例添加益生菌制剂，再按饲料质量的 40%～100% 加水，发酵时间根据原料种类和益生菌制剂比例确定，一般为 48～96 h。发酵结束后，经过烘干、粉碎，然后按照配方，采用合适的生产工艺加工成生物饲料。

（2）饲料混合发酵。

使用复合益生菌制剂对饲料进行混合发酵。所加复合益生菌制剂的质量为饲料质量的 5%～10%（益生菌制剂中有益菌含量为 $1×10^9$ CFU/mL）。按照饲料质量的 200%～500% 加水，混匀后在 20～30 ℃温度下发酵 8～24 h，然后饲喂刺参。

（三）技术示范推广情况

近 3 年来，直接应用本技术成果生产刺参生物饲料 1.6 万吨，新增销售额 1.28 亿元，带动刺参健康养殖产量 5 万吨，产值 60 亿元。养殖示范效果表明：在幼参培育过程中成活率提高了 17.2%；工厂化养殖成参的发病率降低了 13.7%，产量提高了 20.8%；池塘养殖成参使用该系列饲料，成活率提高了 20.5%，产量增加了 18.7%；饲喂亲参，性腺指数提高了 5%，卵孵化率和稚参成活率分别提高了 15% 和 20%；水体中氮、磷排放降低了 25% 以上。

（四）适宜区域

本技术适用于辽宁、山东、河北等地区的刺参大棚车间育苗、保苗及池塘养殖。另外，福建地区的海上吊笼养殖也可使用。

（五）注意事项

（1）生物饲料制作时要掌握发酵条件，特别注意温度和时间，现场发酵适宜的温度为 20～30 ℃。一般情况下，温度低时，就适当延长发酵时间以达到发酵目标。

（2）在养殖现场对饲料进行发酵时，保持环境清洁，防止杂菌污染。

五、刺参养殖环境水质调控技术

（一）研发背景

刺参养殖过程中，不论是大棚车间育苗、保苗还是池塘养殖，残饵和粪便等有机物含量都过高，造成氨氮和亚硝态氮过多等水质恶化问题，并导致池内致病菌大量繁殖，从而引发刺参病害。本技术采用多种分解有机物的益生菌复合制成微生态制剂，用以净化池中的残饵和粪便，降低水体中氨氮和亚硝态氮的含量。

（二）技术要点及参数

1. 水质调控

采用枯草芽孢杆菌及苏云金芽孢杆菌等菌株复合而成的微生态制剂泼洒到养殖池中,可降解水体中的有机物,降低水体中氨氮和亚硝态氮等的浓度,调控水质,有效改善刺参养殖池的水质和底质。

采用微生态制剂(液体,有益菌含量 1×10^9 CFU/mL),按照每升水体 10 mg 的量泼洒,在水温高于 10 ℃使用。初次使用,连续使用 3 d;然后每隔 3 d 补充 1 次即可,用量可适当降低到 5 mg/L。

使用 5～7 d,可使水体中的氨氮、亚硝态氮和化学需氧量(COD)明显降低(图 5-9、图 5-10),池底残饵和粪便明显减少,水体透明度变高,猛水蚤和杂藻也明显减少,起到了抑制猛水蚤暴发的作用。

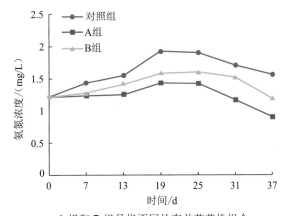

A 组和 B 组是指不同的有益菌菌株组合

图 5-9　微生态制剂对水体中氨氮的抑制作用

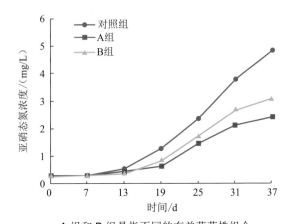

A 组和 B 组是指不同的有益菌菌株组合

图 5-10　微生态制剂对水体中亚硝氮的降低作用

2. 对细菌性疾病的防控作用

采用贝莱斯芽孢杆菌、地衣芽孢杆菌等具有强力抑菌作用的菌株复合而成的微生态制剂，可有效抑制刺参养殖池中的灿烂弧菌、假交替单胞菌以及副溶血弧菌等致病菌。在疾病发生初期，用量为每立方米水体 15 g，较为严重时，可增加到每立方米水体 20 g。作为预防，用量为每立方米水体 5 g。初次使用，连续用 2～3 d；然后每隔 3 d 泼洒 1 次。

（三）技术示范推广情况

近 3 年来，本技术在山东、辽宁及河北等主要刺参养殖区进行了示范推广，育苗保苗水体达到 10 万 m^3，研发的微生态制剂的水质净化和抑菌作用明显。

在烟台海宝渔业公司的示范表明：使用研发的复合益生菌的刺参养殖池（实验组）10 d 之内（每 10 d 倒池 1 次，清理池底），池底干净，没有变黑，而对照组池底黑变且带有臭味。同时，实验组内猛水蚤明显少于对照组。经过 1 个月的养殖实验观察，实验组比对照组增重 10.8%。

（四）适宜区域

本技术适用于辽宁、山东、河北等地区的刺参大棚车间育苗、保苗及池塘养殖。

（五）注意事项

微生态制剂与抗生素不能同时使用。如果有必要使用抗生素，则一定要在使用抗生素 48 h 以后使用微生态制剂。

六、大菱鲆免疫接种技术

（一）研发背景

爱德华氏菌和鳗弧菌是引起大菱鲆腹水病和弧菌病的两大主要病原。以山东省重要经济养殖品种鲆鲽类（大菱鲆、牙鲆、圆斑星鲽等）为靶动物，以生产过程中两种重大疾病——弧菌病和腹水病为主要防控对象，以获得农业农村部生物安全证书（生产应用）的海水鱼类弧菌病和腹水病基因工程活疫苗为产品基础，研究贯穿整个鲆鲽类生产养殖周期的疫苗联合接种策略，评价该策略对实际生产中鲆鲽类的饲料转化率、死淘率等关键生产性能的影响，制订出符合鲆鲽类养殖生产系统的免疫接种计划与操作规程（图 5-11），并研制出配套的快速接种设施，建立了以联合免疫接种为核心的新型鲆鲽类健康养殖生产体系。

（二）应用方式

鱼用疫苗联合免疫接种主要有两种方式。第一种方式：将迟钝爱德华氏菌（目前该菌名为杀鱼爱德华氏菌)减毒候选疫苗 WED 株和大菱鲆鳗弧菌基因工程活疫苗 MVAV6203 株以 1:10 的抗原浓度比进行配制,注射接种大菱鲆。第二种方式:大菱鲆幼苗期浸泡接种迟钝爱德华氏菌减毒候选疫苗 WED 株,大菱鲆长至幼鱼期时注射接种大菱鲆鳗弧菌基因工程活疫苗 MVAV6203 株。第一种方式主要针对体重 80 ~ 85 g 的大菱鲆,每尾鱼所用迟钝爱德华氏菌减毒候选疫苗 WED 株的推荐抗原含量为 1×10^5 CFU,所用大菱鲆鳗弧菌基因工程活疫苗 MVAV6203 株的推荐抗原含量为 1×10^6 CFU。第二种方式中,体重为 3 ~ 5 g 的大菱鲆幼苗浸泡接种迟钝爱德华氏菌减毒候选疫苗 WED 株,抗原浓度为 1×10^7 CFU/mL;大菱鲆长至幼鱼期,体重为 30 ~ 50 g 时注射接种大菱鲆鳗弧菌基因工程活疫苗 MVAV6203 株,每尾注射抗原 1×10^6 CFU。

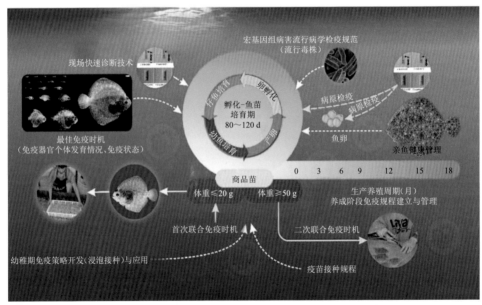

图 5-11　大菱鲆全程疫苗联合接种免疫策略与规程制定

七、大菱鲆"虹彩病毒出血症"生产管理预防指南

2021 年入夏以来,山东海阳、莱州、昌邑、威海等大菱鲆主养区流行"出血症"。这一病害呈现出传播快、死亡率高的特征,且与 2020 年下半年以来在日照、乳山等地流行的新型"出血病"在某些临床体征上极易混淆。养殖者往往误判而采取错误防治措施,导致病情蔓延,造成严重经济损失。

防止疫情恶化,根据对该病害的流行特征和病鱼典型症状的初步研究,建议养殖者在生产管理中依据如下方法初判病情与实施防控措施。

病害流行特征:

（1）夏季高温期多发,各种规格鱼均易感染发病。

（2）分鱼、倒池时往往诱发病害蔓延。

（3）投喂颗粒料、冰鲜鱼的养殖区皆有发病,且患病后鱼不摄食。

（4）病情严重时从发病到"清棚"大约 3 d。

（5）病害发生后,采用抗生素治疗病情会加重,损失更大。

（6）病害鱼主要外观病症见图 5-12。经国家海水鱼产业技术体系疾控研究室采集病样进行病原筛查鉴定,多数病样呈现虹彩病毒感染阳性(尚需进一步确诊病毒流行株属)。如有养殖场发生上述病情,可及时联系体系试验站,报送体系专家进行诊断。

应急防控措施建议:

（1）抗菌类药物对于该病无效,不要盲目实施药物治疗措施。

（2）监测养殖水温,有条件的应将水温逐渐控制在 13 ℃以下以缓解病情恶化,并及时剔除养殖大棚(车间)内的患病鱼。使用浓度为 40 mg/L 的次氯酸钠溶液消毒生产用具,做到生产用具专池专用。对发病鱼池进行消毒隔离。

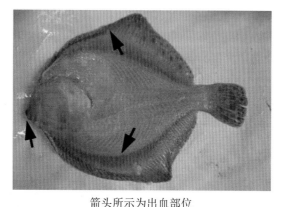

箭头所示为出血部位

图 5-12 "虹彩病毒出血症"典型病症

（3）根据养殖条件和死亡率,宜将患病鱼集中于养殖车间内相对隔离的区域(降低养殖密度)。对病死鱼集中做无害化处理。

（4）当病害发生时,建议立即停止投喂 5～7 d,待病情缓解后逐步恢复投喂。恢复投喂后可拌饲复合维生素 C 等提高鱼体免疫力。停止一切分鱼、倒池等生产操作(除剔除有明显病症的鱼与死鱼之外)。增加流水量和增氧通气,有条件的养殖场应使用浓度为 40 mg/L 的次氯酸钠溶液对水源消毒 30 min。

（5）对新进批次大菱鲆、活鱼运输车辆及外来人员进入养殖场区前,应实施严格的隔离和消毒措施,养殖车间进出人员应使用浓度为 40 mg/L 的次氯酸钠溶液严格进行足底浸蘸消毒,防止病原在养殖场区内扩散传播。

八、凡纳滨对虾工厂化养殖弧菌防控操作技术

（一）研发背景

由于环保禁养政策等因素的影响,近年来工厂化养殖凡纳滨对虾模式在养虾界逐步兴起、发展壮大。工厂化养殖模式利用现代化工业手段控制池内生态环境,在高密度集约化放养的情况下为对虾创造最佳的生存和生长条件。与传统养殖模式相比,工厂化养殖模式具有占地少、成活率高、产量高、成功率高、效益好等显著的优点,而且可以减少天气变化对养殖的不利影响,已经成为国内凡纳滨对虾养殖业的热门趋势。

但凡纳滨对虾工厂化养殖并不是十全十美的,也存在短板。工厂化养殖模式利润虽然非常可观,但病害发生率、死亡率都较高。工厂化养殖模式下一般投苗密度超高,水质和底质依赖人工调控,存在很多可变因素,一点疏漏可能导致对虾大量死亡。弧菌在凡纳滨对虾工厂化养殖中是比较常见的,也比较容易引发病害,特别是在温度和盐度较高的水体中。如果水体中弧菌浓度长期处在较高水平,凡纳滨对虾免疫力下降时就容易感染弧菌,发生红体、肠炎、肝胰腺病变等病症,严重时大量死亡。为有效防控工厂化养殖凡纳滨对虾发生弧菌病,研发了工厂化对虾养殖弧菌防控操作技术。

（二）技术要点及参数

根据对虾弧菌病的发生特点和规律,结合工厂化养殖对虾工艺,提供了工厂化对虾养殖过程中弧菌防控相关技术要点,适用于工厂化对虾养殖过程中车间整理、检测、消毒及生物防控过程。

1. 车间内部防控技术

从上到下,即屋顶、墙壁、海水管、气管、养殖池、墙角走廊、排水系统、生产工具等,依序清洗。

将草酸、双氧水和淡水按照 10:1:200 的体积比混合后对养殖池进行清洗。

将草酸、洗洁精、淡水以 10:1:200 的体积比混合后对车间走道、地沟、墙角泼洒。

排水管、料桶、白水瓢、气管气石、过滤棉袋等生产工具统一进行清洗后使用 20 000 mg/L 草酸加 10 000 mg/L 双氧水浸泡 12 h,之后用淡水清洗干净并晾晒后收纳。

屋顶、墙壁使用 5 000 mg/L 氢氧化钠溶液进行喷洒消毒,半小时后冲洗干净。

养殖池使用 10 000 mg/L 二氧化氯进行喷雾消毒。还可以每立方米使用 8 g 烟熏宝(二氯异氰尿酸钠)进行熏蒸消毒。

2. 外部防控技术

（1）外源接触防控。

外来车辆需登记并消毒（可使用高压水枪喷洒消毒液对车进行消毒）后方可进厂。

生产期间非本厂工作人员未经同意不得进入养殖场，有事需获得允许并登记后方可进入。外部人员任何情况下都不得进入生产车间。

（2）养殖前防控。

车间操作人员保持卫生，严格规范执行消毒程序。进生产车间前穿水鞋，踏质量分数为 1% 的高锰酸钾溶液，手部使用体积分数为 75% 的酒精喷淋消毒。

生产车间空间、过道、地沟、池壁等与虾及水相关联的地方保持清洁并定期消毒。地沟消毒每 5 d 进行 1 次，走道消毒每 3 d 进行 1 次。消毒后清理干净走道积水，保持车间的干燥。

看苗抄料等工具分开使用，用完及时清洗消毒，避免交叉感染。

3. 养殖过程防控技术

（1）检测。养殖前期定期检测虾池及外源水水质指标：pH 和氨氮、亚硝酸盐、溶解氧含量，1 d 检测 1 次；钙镁钾离子、总碱度，3 d 检测 1 次；虾体水体弧菌、总菌，3 d 检测 1 次；病毒 7 d 检测 1 次。养殖中后期据实际情况调整检测频率。

（2）水体消毒。消毒前应泼洒维生素，提高对虾抗应激能力。使用有效含量为 50% 的过硫酸氢钾产品按每升水体 2 mg 的量消毒，或者使用中草药制剂或复合碘按每升水体 1~2 mg 的量消毒。根据虾体状态决定使用种类，具体使用频率根据弧菌超标情况决定。

（3）拌料。选择维生素、矿物元素、免疫多糖等保肝护肝产品进行营养强化，提高对虾体质，增强免疫力。配合使用乳酸菌或 EM 菌（1%），连续拌料饲喂 3~5 d，酸化肠道，抑制弧菌。饲喂丁酸梭菌或其他种类芽孢杆菌，使其在肠道中定植，抑制有害菌。如有弧菌感染现象如断节、肠道弯曲等，可饲喂鲜大蒜泥或其他中草药调理，并加强补菌。

（三）技术示范推广情况

该技术已在东营市河口区的数家大型工厂化养殖场应用，效果明显，投入较低，且对生态环境和产品无任何不良影响。

东营通威科研示范基地最早应用该成套技术，全场共 3 636 m²、204 个养殖池，连续 3 茬均未发生问题，有效控制了弧菌性疾病的暴发，取得了良好的经济收益。

（四）适宜区域

山东、河北、江苏等地区的凡纳滨对虾工厂化养殖区。

九、紫菜病害防控技术

（一）育苗期病害

育苗场设砂滤池和沉淀池，保证育苗池通风良好、进出水独立、器具专用。育苗前彻底消毒。人员进入车间前对鞋面、鞋底及器具进行消毒，减少不同育苗车间非必要的交流，缩小病害扩散的范围。保证换水、刷壳频率，及时调整温度、营养盐浓度和光强等参数。

（1）退壳：加强育苗车间通风，降低育苗车间温度，提高光强，适当增加换水次数。

（2）鲨皮病：① 掌握好采果孢子或自由丝状体的密度；② 前期丝状藻丝生长期间光强不宜过强，防止藻丝过度生长；③ 洗刷贝壳间隔时间不宜过长。

（3）绿变病：添加营养盐是防治该病最有效的方法。一般添加营养盐后几乎可以全部恢复正常，贝壳丝状体营养盐氮、磷质量比为 10∶1。另外，适当增加换水次数。

（4）泥红病：① 预防措施：尽量降低室内温度，保持良好的通风环境。发现病壳应及时拣出、处理，以免传染，并及时清洗、消毒育苗池。② 治疗方法：少量发病时，可用棉花蘸漂白粉溶液涂于发病处，发病处变绿后用沉淀海水洗净，隔离培养。大量发病时，在培养池内用 1 mg/L 的漂白粉溶液冲洗贝壳，并消毒培养池，换水后注入沉淀海水培养。

（5）黄斑病：① 预防措施：培养紫菜丝状体的海水要于黑暗中充分沉淀，育苗温度要求在 20 ～ 24 ℃，光照时间 8 ～ 10 h。② 治疗方法：用 100 mg/L 的对氨基苯磺酸和 25 mg/L 的对硝基酸浸泡 15 ～ 20 h，或用含 2 ～ 5 mg/L 游离氯的海水处理至病斑发白，或在膨大藻丝与双分孢子期用盐度 13 的海水浸泡 2 d。如果是在丝状藻丝期发病，可用低密度海水（$1.005 \ g/cm^3$）浸泡 1 d 后改换为用沉淀海水浸泡。成为膨大藻丝后处理会导致已形成的膨大藻丝死亡，但 15 d 后可重新形成新的膨大藻丝。

（二）海上栽培期病害防控

确保紫菜所处的大环境和微环境水流畅通。海区筏架和网帘密度要适当，网帘不可松弛，确保足够的干出时间。及时采收，避免密度过高，保持紫菜受光良好。

（1）赤腐病：在发病初期使网帘干出时间超过 3 h，或用 pH 2.0 的柠檬酸溶液

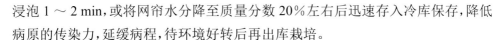

浸泡 1 ~ 2 min,或将网帘水分降至质量分数 20％左右后迅速存入冷库保存,降低病原的传染力,延缓病程,待环境好转后再出库栽培。

（2）拟油壶菌病:在发病初期将网帘水分降至质量分数 20％左右后迅速存入冷库保存 3 周以上,待环境好转后再出库栽培。

（3）绿斑病:海区水温偏高和营养盐丰富时,可适当延长网帘干出时间,防止或减缓绿斑病的蔓延。

（4）卷曲症:采苗密度不宜过高,筏架和网帘密度适当,保证水流通畅、营养盐交换充分。

（5）白腐病:发病时若发病量不足 30％,可短期冷藏,待环境好转后再出库栽培。若发病量超过 30％,应将网撤去清理,等环境好转时再继续栽培新网。

（6）缩曲症和癌肿病:采苗时遇到高温年份要适时采苗。紫菜栽培要避开污染严重的海区。

十、紫菜藻害防控技术

（一）育苗期藻害防控

（1）蓝藻:育苗前,用石灰水或漂白粉浸泡池底和清洗池埂。可选择终浓度为 0.1 g/L 青霉素及链霉素处理丝状体上附着的蓝藻。蓝藻在处理后颜色变淡,逐渐死亡,不影响紫菜藻丝生长。增加洗壳换水的次数也可减少蓝藻附着。

（2）硅藻:育苗前,用石灰水或漂白粉浸泡池底和清洗池埂。降低光强并增加洗壳换水的次数以减少硅藻附着,或采用小型螺类或桡足类等生物防治方法清理。也可以高压水枪喷淋或用贝壳清洗机等机械去除。

（二）栽培期藻害防控

（1）硅藻:可用冷藏网法或干出法去除。低温冷冻可以有效去除苗网的附生硅藻。还可以连续干出 6 d,每天干出 4 h。降低网帘的密度,使潮流通畅,也会减少硅藻附着。

还可利用生物防控的方法将条斑紫菜和牡蛎兼养。牡蛎大量滤食水体中的浮游硅藻,可有效减少硅藻附着,进而有利于紫菜生长。

（2）绿藻:可利用干出和冷藏网技术清除绿藻。选择晴天和北风天气晒帘 1 ~ 2 d,或将网帘脱水后放入冷冻袋内,置于 -20 ℃冷库冻 10 d 以上。还可用 pH 2.0 的柠檬酸溶液处理 3 min,或用 pH 2.3 的盐酸处理 1 min。上述措施均可导致浒苔的死亡。

（3）蓝藻:防治方法同硅藻。

（4）马尾藻：关注海上马尾藻漂移动向和发展趋势，及时清理混缠在紫菜网帘上的马尾藻。加固紫菜网帘和筏架，促进水流畅通。严禁将海上清理和打捞的马尾藻丢弃在海滩上，避免造成二次危害。

十一、紫菜气象灾害防控技术

（一）气温变化

（1）持续高温天气：育苗期加强育苗室通风。壳孢子采苗期，有条件的可采用冷热交换机，实现水温精准调控；没有条件的推迟采苗时间。出苗期海水温度高采用高潮位，增加干出时间，控制苗的生长。

（2）极端低温天气：育苗场做好保温工作，关好门窗，防止丝状体"流产"。叶状体栽培期尽可能减少干出时间，适时抢收没有受冻的紫菜。

（二）阴雨天气

育苗期通过调节窗帘、遮阳带来调节光照，强化育苗室防漏措施，必要时调节海水的盐度。栽培期调节干出时间，增加光合作用。

（三）台风及风暴潮

注意天气变化，做好防护工作。育苗期间遇到台风，需加固育苗室，关闭门窗，做好防漏措施。叶状体栽培期，可采取加固帘架或放松浮缇等方法防风抗浪，也可把帘架移至避风处，但应注意保持网帘湿润，待大风过后再搬下海。

十二、海带、裙带菜病害防控技术

（一）育苗期病害防控

（1）改善育苗环境。水循环系统和育苗池用有效氯浓度 60 mg/L 的漂白粉溶液消毒 12 h 以上，使用过滤海水冲洗 1～2 遍后进行育苗。苗绳用添加质量分数为 0.5% 的碳酸钠溶液浸泡 1 个月以浸出绳内棕榈酸、单宁等有害物质。

（2）做好采苗工作。种带选择孢子囊群颜色深浓、表面不光亮、易干燥、手摸有黏腻感和"脱皮"感的海带，预防产生畸形苗。种带采苗前清除杂藻、污泥及腐烂部位，预防脱苗、烂苗及虫害等。采苗密度适中，100 倍视野中有 15～20 个活泼游孢子。

（3）严格进行培育操作，定期培训场内人员。进入育苗池前对鞋面、鞋底及器具消毒，减少育苗池间非必要的交流，防止病害扩散。勤监测、勤调节育苗期水温、光强、营养，避免绿烂病、白尖病等病害。保持水质良好，前期每小时换水量为

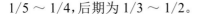

$1/5 \sim 1/4$，后期为 $1/3 \sim 1/2$。

（4）做好病害防控。① 白尖病：调整光照适宜均匀，防止幼苗突受强光刺激，增加水流量，及时洗刷苗帘。发病后，降低光强并适量增加营养盐，同时加大换水量和流速，及时洗刷和驱赶气泡，至白烂部位不再蔓延，苗种重新恢复生长。② 畸形、绿烂等病害：要加强苗帘的冲洗力度，降低水温至 $6 \sim 6.5$ ℃，调整营养盐浓度，分拣发病苗帘，以减轻病害损失。

（二）海上栽培期病害防控

（1）脱苗症：选择健康的苗种，出库时海区温度不超过 20 ℃，防止高温对幼苗造成损伤。出库时间选择在夜间或凌晨，长距离运输后及时拆帘，绝不能将苗帘临时堆积在一起。若没有及时拆帘挂筏或拆帘时间太长，会造成苗种活力下降。早分苗，分大苗，加大筏距，合理密植。

（2）泡烂病：在大量降雨前将养殖绳下放至较深水层，以防淡水的侵害。

（3）卷曲病：春节前后以及长时间的连续晴朗天气时适当下调至较深水层，避免透明度过高导致病害发生。

（4）绿烂病：关注气象预报，连续阴雨天气时适当上调至较浅水层，增加海带受光量，避免光照不足和盐度下降等引起绿烂病。

（5）瘦区海域适当施肥，及时清除病烂藻体。

十三、海带、裙带菜敌害生物和气象灾害防控技术

（一）虫害防控

宜选择底质适宜、水流通畅且远避龙须菜和牡蛎等养殖区的海区栽培。下海前用药物浸泡苗绳。例如，将羊蹄躅和海水按照 1∶20 的体积比混合，采用煮沸、冷却后的混合液浸泡苗绳 1.5 min 可杀死枝角类；质量分数 0.5% 甲醛和 0.5% 硝酸铵混合液处理苗绳 30 s，$2 \sim 3$ d 后再处理一次可杀灭水虱；质量分数 1/300 的铵肥水浸泡苗绳可清除钩虾、麦秆虫等。同时，注意对海区原有筏架和浮球的清理，避免滋生虫卵。

病害发生早期，有以下处理方法：① 将苗种转移至没有虫害发生的海区。② 在食品级塑料袋中装入 100 g 尿素或硝酸铵，封口后用针在塑料袋底部扎 $3 \sim 5$ 个孔，用塑料绳系在苗种绳上，每 4 m 苗绳挂 2 袋。③ 每天早晚，选择温度较低且没有阳光直晒的时间，将苗种绳提出海面 $2 \sim 3$ min，反复抖动，使害虫脱落或窒息，需要反复操作。考虑到农药残留风险，不建议使用敌百虫、菊胺酯等杀虫剂处理。海带收获后应将筏架回收上岸进行晾晒，避免滋生虫卵。

（二）藻害防控

对源海水进行沉淀、过滤、冷却、二次过滤等处理,去除浮泥、杂藻等杂质,保证水源的水质。及时冲刷苗帘,减少育苗期的硅藻等杂藻的附着。

及时手工清理浒苔、马尾藻和铜藻,防止其缠绕到筏架和苗绳上导致筏架倒伏,以及遮光而影响海带生长等,并及时收获外海筏架栽培的海带。处理过程中,应注意将浒苔、马尾藻和铜藻回收至岸上处置,不得随意在海上丢弃。

（三）气象灾害防控

① 在水深流大海区或遭遇大风大浪的风暴潮天气时,为避免海带被风浪打掉脱落或折断,应选择藻体柔韧性较强及假根较发达的品种(系)苗种进行栽培。② 夹苗时做到幼苗茎部夹于苗绳的圆心处。③ 选择新苗绳,避免使用 2 年及以上的旧苗绳(捻距约为 60 mm)。④及时关注气象预报,在台风和风暴潮来临前检查筏架牢固程度,及时整理缠绕的栽培绳,补足浮球,适当加长吊绳及添加坠石,使苗绳下降至水面下 1 ～ 2 m。

十四、龙须菜病害综合防控技术

（一）日常管理

每 3 d 出海巡视管理,检查苗绳有无脱落或苗绳间有无缠绕,保证筏架松紧、间隔一致,以免影响海藻生长。根据藻体生长情况,控制苗绳所在水层。培养初期调节苗绳所处水深为 0.5 ～ 1 m,以后每 2 周每 5 m 浮缏绳增加 1 个浮子,保证藻体受光均匀,生长正常。应及时摇荡清洗苗绳及海藻上附着的浮泥,以免因附着浮泥较多使海藻受光减少,影响海藻生长和产量。

（二）分苗

及时分苗或采收,避免藻体过长发生病害、脱落等损失。当每米苗绳上藻体质量超过 2 kg（5 m 苗绳质量超 10 kg)时,及时分苗或采收。应密切关注天气,在恶劣天气到来之前完成分苗或收获,以免造成巨大损失。

（三）收获

应选择晴朗的天气,尽量是早上,避免雨天,尤其是连阴雨或梅雨季节。山东荣成等北方海域,一般 5 月放苗进行海上栽培,6 月开始生长,10—11 月采收。

（四）病害防控

(1)白烂病防控:科学育苗,使用健康种苗。科学管理,注意根据光照和温度变化调节养殖水层。进入高温季节及时收获。适量夹苗,合理施肥。

（2）虫害防控：以预防为主，控制养殖密度，夹苗数量不能过大，确保水流通畅。如发生虫害主要采取以下措施：① 淡水浸泡 5 ～ 10 min。② 低温、遮光、保湿放置过夜。③ 在食品级塑料袋中装上 50 ～ 100 g 的铵类化肥，封口后在袋上扎出针眼，将其吊挂到栽培海区筏架上驱虫。④ 高温期禁养休耕，将养殖筏架等器材收到陆地上进行曝晒和消毒处理。

（3）藻害防控：浒苔与刚毛藻导致的藻害通常发生在春末夏初水温逐渐上升的过程中，可采用体积分数为 0.1% 的稀盐酸浸泡 1 min 进行处理。仙菜和多管藻导致的藻害常发生在高温过后水温逐渐降低的过程中，以及秋末和整个冬季，通常采用低温保湿过夜处理，严重时处理 2 d。还应注意水层的调节和养殖密度的控制。一般绿藻类的杂藻生长在较浅的水层，可将筏架降低至稍深水层来减少其危害。对于仙菜和多管藻等寄生杂藻，可以通过控制龙须菜的栽培密度、改善海水交换条件以避免其侵害。对于竞争性大型藻类，应及时清除，避免其疯长后遮挡光照，吸收营养盐，影响龙须菜的正常生长。

（4）气象灾害防控：对台风灾害，可采取加深水层、加固筏架、增加绳距等减少海藻脱落。遇到持续高温天气，每天监测养殖水层水温。当养殖层水温超过 30 ℃，且持续时间超过 7 d 时，应果断收获，减少损失。

十五、大口黑鲈池塘养殖技术

一般鱼塘面积 5 ～ 10 亩，底部平坦，底质以泥为主，淤泥厚度≤ 20 cm，埂岸及池底不渗漏。鱼塘深 2.5 ～ 3.5 m，进水后水深控制在 2 ～ 2.5 m，进、排水分开。增氧能力可设计在 1.5 千瓦／亩以上。电力充足，交通道路便利，进料、出鱼相对方便。

鱼种放养前 20 ～ 30 d 排干池水，充分曝晒池底的量，然后注水 60 ～ 80 cm。一般用茶籽饼以每亩 10 ～ 12.5 kg 的量或用漂白粉以每亩 15 ～ 20 kg 的量消毒，接着持续开增氧机 3 ～ 5 d（视天气水温而定，气温越高，时间越短），搅动池塘底泥，使其充分氧化。池塘消毒后 1 周，后加水至 1.3 ～ 1.5 m，使用生石灰按每亩 40 ～ 50 kg 的量调节塘底酸碱度。待水质稳定后，经放鱼试水证明无毒性后，方可放养体长 10 cm 左右规格的鱼种。

选择经过检疫的优质苗种放养。据统计，在相同养殖条件下，摄食人工配合饲料的大口黑鲈"优鲈 3 号"的生长速度比"优鲈 1 号"平均提高 17.1%，比大口黑鲈引进群体提高 33.92% ～ 38.82%。大口黑鲈"优鲈 3 号"易驯食人工配合饲料，驯食时间明显缩短，驯食成功率显著提高。大口黑鲈"优鲈 3 号"平均亩产提高 18.3% 以上，饲料系数为 0.89 ～ 1.13，养殖成活率为 89% 以上，养殖经济效益高。

以养殖大口黑鲈为主,套养鲫鱼、鳙鱼、白鲢等品种,少数养殖户还套养鳗鱼。一般4—5月份放苗,规格为3～5克/尾,投放密度8 000～11 000尾/亩。套养100～250 g的鲢鱼10～20尾/亩、鳙鱼30～50尾/亩,50～100 g的鲫鱼200～400尾/亩。鳗鱼套养密度为500～1 000尾/亩。

全程以投喂颗粒配合饲料为主,饲料中粗蛋白含量需达到40%～50%。每天投喂2～4餐。投喂频次根据不同的规格和天气、水质等条件进行调整(表5-1)。投喂过程遵循"慢、快、慢"的原则,投喂至大部分鱼不上水面抢食时为宜。

表5-1　成鱼养殖阶段投喂参考

鱼体重	饲料档次及粒径	投喂质量占鱼体重的比例	日投喂餐数
5～10 g	粗蛋白含量44%～50%,粒径1.2～2.0 mm	5%～10%	3～4
10～50 g	粗蛋白含量44%～50%,粒径2.0～3.0 mm	4%～6%	2～4
50～150 g	粗蛋白含量44%～50%,粒径3.0～5.0 mm	3%～5%	2～3
150～250 g	粗蛋白含量40%～48%,粒径5.5～7.0 mm	2%～4%	2～3
250～500 g	粗蛋白含量40%～48%,粒径7.5～10.0 mm	2%～3%	2～3
大于500 g	粗蛋白含量40%～48%,粒径11.0～13.0 mm	1%～2.5%	1～2

高密度养殖中为了维持水质稳定,日常不换水,主要通过调节菌藻平衡、碳氮平衡等进行水质调控。在此过程中,氨氮、亚硝酸盐浓度易升高,一般亚硝酸盐浓度控制在0.2 mg/L以下。亚硝酸盐偏高对于大口黑鲈的危害明显(红身、出血,甚至中毒),每年都会发生亚硝酸盐浓度偏高导致鱼大量死亡的问题。一般采用微生态制剂、水产用碳源等快速降低亚硝酸盐浓度,同时辅以增氧改底措施(图5-13),并泼洒有机酸解毒增效。水混浊易导致水体溶解氧含量低、鱼吃料差,此时可采用絮凝法或生物法净水。如果有必要换水,需要对引入水的水质进行检测,以防带入外源病原或污染物。

定期采用益生菌和保肝护胆类、免疫增强类保健剂拌料投喂,增强鱼体质。养殖过程中定期进行肝脏护理,规格在50克/尾以上,每10 d内服1次护肝中草药、维生素等,增强鱼的免疫力。在大口黑鲈养殖过程中,除虫害问题外,虹彩病毒病、弹状病毒病、诺卡氏菌病、烂鳃、肠炎等问题也高发,建议养殖户要及时查看体表、肝、脾、肾、肠、胃等情况,检测病毒,分离细菌,提前发现问题,及时处理。

出塘情况:一年基本出鱼2～3次。普遍在11—12月出头批鱼,规格为350克/尾,可出鱼存塘量的25%左右;规格400克/尾,可出鱼存塘量的20%左右。之后出塘时间根据市场需求情况定。一般饵料系数为1.1左右,亩产可达

5 000 kg,亩纯利润 1.2 万～3.8 万元。

部分地区采用池塘内循环养殖模式,即在水槽中养殖鲈鱼(图 5-14)。此种养殖模式下控制好推水速度,合理投料,水质往往非常稳定,而且长时间处于流水状态下的鲈鱼,肉更加结实,泥腥味轻很多,品质非常好。一条标准水槽养出 15～20 t 大口黑鲈。该养殖模式目前在山东、江苏、浙江等地应用比较多。随着养殖技术发展,出现了大口黑鲈与中华绒螯蟹的池塘工程化循环水养殖模式,亩产螃蟹 50 kg,大口黑鲈 1 000 kg,亩效益万元。内循环养殖模式能够改善水质,实现零排放、零污染。

图 5-13　亩产万斤大口黑鲈养殖池塘增氧机配备　　图 5-14　鱼道水槽推水养殖大口黑鲈

十六、大口黑鲈循环水养殖技术

循环水池塘的形状很多,有圆形、椭圆形、弧角方形、截角方形等,材质上有水泥、帆布、地膜、PC 等,很多加盖大棚、遮阴篷等。这种方式不仅便于生产计划、生物安保、尾水处理等管理,还能消除季节影响和"连作障碍",既具有高产高效的优点,又稳定了环境,且整体投资不算很大,因此成为行业近年来主要发展方向。

养殖场选建在周边没有工业或者生活垃圾污染、水源好的地方,要有自己的污水净化池。一般净化池和养殖池的面积比例是 1∶5～1∶3。养殖场的电力、道路便利。水深一般在 1.5～2.0 m,水体体积为 50～100 m³。为了便于操作,很多池底下面挖深,池沿高出地面 70～120 cm,在地下铺设管道。池底一般设计成内凹,角度在 20°～75°,以 45° 居多。

苗种必须经过检疫,不携带虹彩病毒、弹状病毒、诺卡氏菌等主要病原。苗种常用质量分数为 2%～5% 的食盐溶液浸洗 5～10 min 消毒,一般投放 11 朝(每 500 克 30～50 尾)以上规格的鱼苗可以保证早养成、早上市。鱼种放养时,规格要力求整齐,体长偏差最好不超过 3 cm,否则投喂饲料的规格难以掌握,而养殖出池规格差异会更大。可以通过逐级分池的办法提高养殖效率。投放数量按照设施条件设计,一般不进行混养。目前,大口黑鲈循环水养殖每立方米水体产量可达 200 kg,一般在 100 kg。

投料量控制是循环水养殖日常管理的主要手段。所谓投料量控制,即按照鱼规格不同逐渐改变投料量和高质量饲料级别。一般体重小于 25 g 时,控制所投饵料质量在鱼体重的 5%～8%,体重为 25～50 g 时控制所投饵料质量在鱼体重的 4%～5%;体重为 50 g 以上时,所投饵料质量为鱼体重的 2.5%～4%,具体也要根据水质、摄食情况等进行调整。

保证水体高溶解氧,一般要求控制在 5～12 mg/L,3 mg/L 是低限警戒线,而溶解氧含量太高则会增加料比。因为投苗密度高,后期养成率高,鱼对水体溶解氧要求也非常高。一般在池塘周边设置底增氧,周围进出循环水,使水体能形成涡流或旋转流动起来。这样一方面可以增强鱼体质,使肉更紧实而提升口感,另一方面可以将残饵、粪便集中到池中间,利于集中排污。

排污是工厂化养殖的核心工序之一,有原位处理、异位处理,有微滤机过滤、生物球过滤、毛刷池过滤、干湿分离等方式。一般每晚排污 1 次,每月排换 4 次水。生物处理池每 5～7 d 补充活菌,及时分解池中的残饵和粪便。排污、换水和生物处理的频次主要依据水体中氨氮和亚硝酸盐的含量来调整。

日常应采用生物安保措施防控病害发生。严格人员、物品进出和清洁管理。加强苗种进入检疫和日常检疫,目前检疫项目主要包括细胞肿大虹彩病毒、传染性脾肾坏死病毒、弹状病毒和诺卡氏菌。一般每 2 周进行 1 次抽样检查,包括体重、体长等生长情况和体表、鳃、内脏健康状况。

工厂化养殖需要科学安排生产计划。按目前市场周期规律来看,第 1 期养殖冬季放养苗,翌年 2—3 月养成上市时正值春节前后,鱼价较高。接着第 2 期放养大规格夏花鱼种,到年底养成的商品大口黑鲈鱼上市。如果养殖管理跟得上,第 2 期商品鱼能在中秋、国庆节前后赶在市场大鱼缺乏空档期上市,价格可观,养殖周期比常规缩短了半年,经济效益显著。

附录 1 水生动物疫病防控机构

一、水生动物防疫科研机构

山东水生动物防疫科研体系包括隶属国家部委管理的机构、隶属地方政府管理的机构以及社会力量。

隶属国家部委管理的有 2 所高等院校和 2 所科研机构。省属的有 4 所高等院校、3 所科研机构和 2 所职业院校。东营、烟台、潍坊、泰安、威海、日照、滨州等地市也设有水产研究机构，负责开展水生动物疫病防控技术研究相关工作（附表 1-1）。

附表 1-1 隶属国家部委和山东省管理的水生动物防疫科研机构

序　号	类　别	单位名称	官方网站
1	国家部委管理	中国海洋大学	http://www.ouc.edu.cn/
2		山东大学（威海）	https://www.wh.sdu.edu.cn/
3		中国科学院海洋研究所	http://www.qdio.cas.cn/
4		中国水产科学研究院黄海水产研究所	http://www.ysfri.ac.cn/
5	省属	山东农业大学	http://www.sdau.edu.cn/
6		青岛农业大学	https://www.qau.edu.cn/
7		烟台大学	https://www.ytu.edu.cn/
8		鲁东大学	https://www.ldu.edu.cn/
9		山东省海洋科学研究院	http://www.sdhysw.cn/zh/
10		山东省海洋资源与环境研究院	http://www.sdhykx.cn/
11		山东省淡水渔业研究院	http://www.sdfwi.cn/
12		威海海洋职业学院	https://www.whovc.edu.cn/
13		日照职业技术学院	https://www.rzpt.cn/
14	社会力量	青岛菲优特检测有限公司	http://www.qdfeiyoute.com
15		山东信达基因科技有限公司	http://www.sinder.cn/

二、基层水生动物疫病防控机构

2021年,全省共有16个地市的渔业技术推广机构开展了水生动物疾病监测预防相关工作,其中10个地市依托渔业技术推广机构建设了水生动物疫病防控实验室(附表1-2)。

附表1-2 地市级水生动物疫病防控实验室依托单位情况

地 市	实验室建设依托单位
济南	济南市农业技术推广服务中心
枣庄	枣庄市畜牧渔业事业发展中心
东营	东营市水生动植物防疫检疫中心
烟台	烟台市海洋经济研究院
济宁	济宁市渔业发展和资源养护中心
威海	威海市海洋生物健康促进中心
日照	日照市海洋与渔业研究院
临沂	临沂市动物疫病预防控制中心
滨州	滨州市海洋发展研究院
菏泽	菏泽市水产技术推广站

2021年,全省共有104个县(市、区)的渔业技术推广机构开展了水生动物疾病监测预防相关工作,其中48个县(市、区)依托渔业技术推广机构建设了水生动物疫病防控实验室(附表1-3)。

附表1-3 县级水生动物疫病防控实验室依托单位情况

所属地市	实验室建设依托单位
济南	章丘区畜牧兽医事业发展中心、历城区农业技术推广站、莱芜区农业技术推广服务中心
青岛	即墨区海洋发展局服务中心、城阳区海洋发展服务中心、西海岸新区海洋事业发展中心、崂山区渔业综合服务中心、平度市渔政渔业技术推广服务中心
淄博	高青县畜牧渔业服务中心
枣庄	枣庄市市中区乡村振兴服务中心、枣庄市山亭区农业技术推广中心、滕州市畜牧渔业事业发展中心
东营	东营市河口区海洋与水产研究中心、垦利区渔业渔港服务中心、利津县渔业发展服务中心
烟台	莱州市海洋发展和渔业服务中心、海阳市海洋发展和渔业局、长岛海洋经济促进中心、龙口市水产技术推广站、烟台市牟平区渔业技术推广站、烟台市莱山区海洋渔业服务站、烟台市蓬莱区水产技术推广中心
潍坊	昌邑市海洋事业发展中心、寿光市海洋渔业发展中心
济宁	任城区渔业发展和资源养护中心、鱼台县渔业发展服务中心、微山县渔业发展服务中心

续表

所属地市	实验室建设依托单位
泰安	东平县水产业发展中心
威海	威海市环翠区海洋发展研究中心、威海市文登区海洋发展事务中心、乳山市海洋与渔业监测减灾中心、荣成市海洋经济发展中心
日照	日照市经济技术开发区海洋发展服务中心、日照市东港区渔业技术推广站
临沂	郯城县农业技术推广中心、平邑县渔业发展保护中心、兰陵县渔业发展保护中心
德州	齐河县农副渔业发展中心、禹城市乡村振兴服务中心
聊城	东阿县畜牧水产事业发展中心、东昌府区农村工作服务中心
滨州	无棣县海洋渔业发展研究中心、滨州市沾化区海洋和渔业发展服务中心、滨州市滨城区渔业技术指导推广站、邹平市农业农村服务中心
菏泽	单县水产服务中心、成武县水产服务中心、菏泽市牡丹区畜牧水产服务中心

三、水生动物防疫系统实验室检测能力验证结果满意单位

2021 年，8 家单位成为疫病检测申报项目评价结果满意单位（附表 1-4）。其中，有 1 家单位通过当年全部 14 种水生动物疫病的检测能力验证。

附表 1-4　水生动物防疫系统实验室检测能力验证结果满意单位

序号	单位名称	鲤春病毒血症	传染性造血器坏死病	病毒性神经坏死病	罗非鱼湖病毒病	草鱼出血病	锦鲤疱疹病毒病	鲫造血器官坏死病	白斑综合征	十足目虹彩病毒病	虾肝肠胞虫病	急性肝胰腺坏死病	传染性皮下及造血组织坏死病	对虾偷死野田村病毒病	鲤浮肿病
1	山东省海洋科学研究院	√	√	√	√	√	√	√	√	√	√	√	√	√	√
2	滨州市海洋发展研究院监测评估中心									√	√				
3	山东省淡水渔业研究院		√	√		√	√	√							
4	中国水产科学研究院黄海水产研究所			√											
5	威海海洋职业学院			√				√							
6	烟台大学			√		√							√		
7	青岛海关技术中心	√		√											√
8	青岛菲优特检测有限公司													√	

四、水产养殖病害防治专家委员会

2017年9月,山东省海洋与渔业厅组织成立山东省水产养殖病害防治专家委员会(简称"省渔病防委"),这是全国首个省级水产养殖病害防治专家委员会。2021年12月,山东省农业农村厅对省渔病防委的成员和职责进行了调整,省渔病防委设主任委员1名、副主任委员7名、顾问10名、秘书长1名,秘书处设在山东省渔业发展和资源养护总站。委员会委员由渔业行政管理机构、水产科研院所、高校、推广站等单位的30位病害防治专家组成,按照水生动植物类别分设海水鱼组、淡水鱼组、虾蟹组、海参组和贝藻组5个专业组。(附表1-5)

省渔病防委主要职责包括:研究提出重大水产养殖病害预防控制政策和措施建议;对现有水产养殖病害预防控制措施进行评估,提出建议;为突发、重大、疑难水产养殖病害诊断、应急处置等提供技术支撑;参与起草制定有关水产养殖病害防控及健康养殖技术标准规范;支持各级水生动物疫病预防控制机构提升实验室检测能力;参与乡村振兴渔业发展咨询论证和过程指导;开展渔业发展关键技术研究与应用、水产品质量安全生产技术指导;承担省农业农村厅委托交办的水产养殖病害防控相关任务。

附表1-5　山东省水产养殖病害防治专家委员会名单

序号	姓名	性别	工作单位	职务/职称
主任委员				
1	王敬东	男	山东省农业农村厅	副厅长
副主任委员				
1	周红学	男	山东省农业农村厅渔业与渔政管理处	四级调研员
2	王熙杰	男	山东省渔业发展和资源养护总站	站长
3	战文斌	男	中国海洋大学	教授
4	王雷	男	中国科学院海洋研究所	研究员
5	王崇明	男	中国水产科学研究院黄海水产研究所	研究员
6	王印庚	男	中国水产科学研究院黄海水产研究所	研究员
7	王茂剑	男	山东省淡水渔业研究院	研究员
顾问				
1	李琪	男	中国海洋大学	教授
2	杨红生	男	中国科学院海洋研究所	研究员
3	王广策	男	中国科学院海洋研究所	研究员

续表

序号	姓名	性别	工作单位	职务／职称
4	孔 杰	男	中国水产科学研究院黄海水产研究所	研究员
5	关长涛	男	中国水产科学研究院黄海水产研究所	研究员
6	聂 品	男	青岛农业大学	教授
7	张秀珍	女	山东省海洋资源与环境研究院	研究员
8	王四杰	男	山东省渔业发展和资源养护总站	研究员
9	李鲁晶	男	山东省渔业发展和资源养护总站	研究员
10	吴海一	男	山东省海洋科学研究院	研究员
专家				
（一）海水鱼组				
1	战文斌	男	中国海洋大学	组长／教授
2	史成银	男	中国水产科学研究院黄海水产研究所	副组长／研究员
3	姜海滨	男	山东省海洋资源与环境研究院	研究员
4	周 顺	男	青岛农业大学	教授
5	叶海斌	男	山东省海洋科学研究院	研究员
6	冯继兴	男	烟台大学	副教授
（二）淡水鱼组				
7	秦玉广	男	山东省淡水渔业研究院	组长／研究员
8	王 芳	女	中国海洋大学	副组长／教授
9	李 杰	男	中国水产科学研究院黄海水产研究所	副研究员
10	郑伟力	男	济宁市渔业发展和资源养护中心	研究员
11	史 飞	男	临沂市渔业发展保护中心	研究员
12	张秀江	男	聊城市农业技术推广服务中心	研究员
（三）虾蟹组				
13	王 雷	男	中国科学院海洋研究所	组长／研究员
14	张庆利	男	中国水产科学研究院黄海水产研究所	副组长／教授
15	潘鲁青	男	中国海洋大学	教授
16	王 慧	女	山东农业大学	教授
17	王文琪	女	青岛农业大学	教授
18	郑述河	男	滨州市海洋发展研究院	研究员

序号	姓名	性别	工作单位	职务 / 职称
19	张　健	男	烟台大学	教授
（四）海参组				
20	王印庚	男	中国水产科学研究院黄海水产研究所	组长 / 研究员
21	李成林	男	山东省海洋科学研究院	副组长 / 研究员
22	朱　伟	男	青岛农业大学	教授
23	田传远	男	中国海洋大学	副教授
24	刘志国	男	东营市海洋经济发展研究院	高级工程师
25	胡　炜	男	山东省海洋科学研究院	副研究员
（五）贝藻组				
26	王崇明	男	中国水产科学研究院黄海水产研究所	组长 / 研究员
27	于瑞海	男	中国海洋大学	副组长 / 教授级高级工程师
28	丁　刚	男	山东省海洋科学研究院	副研究员
29	刘福利	男	中国水产科学研究院黄海水产研究所	研究员
30	王雪鹏	男	山东农业大学	教授
秘书处				
1	王熙杰	男	山东省渔业发展和资源养护总站	秘书长
2	徐　涛	男	山东省渔业发展和资源养护总站	副秘书长
3	倪乐海	男	山东省渔业发展和资源养护总站	成员
4	王晓璐	男	山东省海洋科学研究院	成员
5	臧金梁	男	山东省淡水渔业研究院	成员
6	刘　梅	女	中国科学院海洋研究所	成员
7	李　彬	男	中国水产科学研究院黄海水产研究所	成员
8	白昌明	男	中国水产科学研究院黄海水产研究所	成员

附录 2　现行水生动物防疫法律法规体系

近年来,我国水生动物疫病防控方面的法律法规不断完善,目前已基本形成以《中华人民共和国动物防疫法》《中华人民共和国渔业法》《中华人民共和国进出境动植物检疫法》等法律为主体,国务院法规、部门规章和规范性文件、地方性法规和规范性文件为补充的比较健全的水生动物防疫法律法规体系。

一、法律

《中华人民共和国生物安全法》于 2020 年 10 月 17 日经中华人民共和国第十三届全国人民代表大会常务委员会第二十二次会议通过,并于 2021 年 4 月 15 日起正式施行。这是我国生物安全领域的一部基础性、综合性、系统性、统领性法律,标志着我国生物安全进入依法治理的新阶段。2021 年 1 月 22 日,《中华人民共和国动物防疫法》由中华人民共和国第十三届全国人民代表大会常务委员会第二十五次会议修订通过,自 2021 年 5 月 1 日起正式施行。

目前,我国有关水生动物防疫方面的法律已有 6 部,分别是《中华人民共和国渔业法》《中华人民共和国进出境动植物检疫法》《中华人民共和国农业技术推广法》《中华人民共和国农产品质量安全法》《中华人民共和国动物防疫法》《中华人民共和国生物安全法》(附表 2-1)。

附表 2-1　国家水生动物防疫相关法律情况表

法律名称	施行日期	主要内容
中华人民共和国进出境动植物检疫法	1992 年 4 月 1 日 (2009 年 8 月 27 日修正)	包括总则、进境检疫、出境检疫、过境检疫、携带、邮寄物检疫、运输工具检疫、法律责任及附则。明确了国务院设立动植物检疫机关,统一管理全国进出境动植物检疫工作。贸易性动物产品出境的检疫机关,由国务院根据情况规定。国务院农业行政主管部门主管全国进出境动植物检疫工作。

法律名称	施行日期	主要内容
中华人民共和国农业技术推广法	1993年7月2日（2012年8月31日修正）	包括总则、农业技术推广体系、农业技术的推广与应用、农业技术推广的保障措施、法律责任及附则。明确了各级国家农业技术推广机构属于公共服务机构，植物病虫害、动物疫病及农业灾害的监测、预报和预防是各级国家农业技术推广机构的公益性职责。
中华人民共和国渔业法	1986年7月1日（2013年12月28日修正）	包括总则、养殖业、捕捞业、渔业资源的增殖和保护、法律责任及附则。明确了县级以上人民政府渔业行政主管部门应当加强对养殖生产的技术指导和病害防治工作。同时明确水产苗种的进口、出口必须实施检疫，防止病害传入境内和传出境外。
中华人民共和国农产品质量安全法	2023年1月1日	包括总则、农产品质量安全风险管理和标准制定、农产品产地、农产品生产、农产品销售、监督管理、法律责任及附则。明确了县级以上地方人民政府对本行政区域的农产品质量安全工作负责，统一领导、组织、协调本行政区域的农产品质量安全工作，建立健全农产品质量安全工作机制，提高农产品质量安全水平。农产品生产企业、农民专业合作社、农业社会化服务组织应当建立农产品生产记录，如实记载动物疫病、农作物病虫害的发生和防治情况。
中华人民共和国动物防疫法	2021年5月1日	包括总则，动物疫病的预防，动物疫情的报告、通报和公布，动物疫病的控制，动物和动物产品的检疫，病死动物和病害动物产品的无害化处理，动物诊疗，兽医管理，监督管理，保障措施，法律责任，以及附则。明确了国务院农业农村主管部门主管全国的动物防疫工作。县级以上地方人民政府农业农村主管部门主管本行政区域的动物防疫工作。县级以上人民政府其他有关部门在各自职责范围内做好动物防疫工作。军队动物卫生监督职能部门负责军队现役动物和饲养自用动物的防疫工作。
中华人民共和国生物安全法	2021年4月15日	包括总则，生物安全风险防控体制，防控重大新发突发传染病、动植物疫情，生物技术研究、开发与应用安全，病原微生物实验室生物安全，人类遗传资源与生物资源安全，防范生物恐怖与生物武器威胁，生物安全能力建设，法律责任，以及附则。明确了疾病预防控制机构、动物疫病预防控制机构、植物病虫害预防控制机构应当对传染病、动植物疫病和列入监测范围的不明原因疾病开展主动监测，收集、分析、报告监测信息，预测新发突发传染病、动植物疫病的发生、流行趋势。

二、国务院法规及规范性文件

国务院先后出台了《兽药管理条例》《病原微生物实验室生物安全管理条例》《国务院关于推进兽医管理体制改革的若干意见》《重大动物疫情应急条例》等法规和规范性文件(附表 2-2)。

附表 2-2　国务院法规及规范性文件情况表

文件名称	施行日期	主要内容
国务院关于推进兽医管理体制改革的若干意见(国发〔2005〕15 号)	2005 年 5 月 14 日	明确了兽医管理体制改革的必要性和紧迫性、兽医管理体制改革的指导思想和目标、建立健全兽医工作体系、加强兽医队伍和工作能力建设、建立完善兽医工作的公共财经保障机制、抓紧完善兽医管理工作的法律法规体系、加强对兽医管理体制改革的组织领导七方面内容。
重大动物疫情应急条例	2005 年 11 月 18 日(2017 年 10 月 7 日修订)	包括总则,应急准备,监测、报告和公布,应急处理,法律责任,以及附则。明确了重大动物疫情应急工作按照属地管理的原则,实行政府统一领导、部门分工负责,逐级建立责任制。县级以上人民政府兽医主管部门具体负责组织重大动物疫情的监测、调查、控制、扑灭等应急工作。县级以上人民政府林业主管部门、兽医主管部门按照职责分工,加强对陆生野生动物疫源疫病的监测。县级以上人民政府其他有关部门在各自的职责范围内,做好重大动物疫情的应急工作。
病原微生物实验室生物安全管理条例	2004 年 11 月 12 日(2016 年 2 月 6 日第一次修订,2018 年 3 月 19 日第二次修订)	包括总则、病原微生物的分类和管理、实验室的设立与管理、实验室感染控制、监督管理、法律责任及附则。明确了国务院兽医主管部门主管与动物有关的实验室及其实验活动的生物安全监督工作。
兽药管理条例	2004 年 11 月 1 日(2014 年 7 月 29 日第一次修订,2016 年 2 月 6 日第 2 次修订,2020 年 3 月 27 日第三次修订)	包括总则、新兽药研制、兽药生产、兽药经营、兽药进出口、兽药使用、兽药监督管理、法律责任及附则。明确了水产养殖中的兽药使用、兽药残留检测和监督管理以及水产养殖过程中违法用药的行政处罚,由县级以上人民政府渔业主管部门及其所属的渔政监督管理机构负责。

三、部门规章及规范性文件

我国水生动物疫病防控方面的部门规章及规范性文件见附表 2-3。

附表 2-3　部门规章及规范性文件情况表

文件名称	施行日期	主要内容
中华人民共和国农业部关于印发《国家兽医参考实验室管理办法》的通知(农医发〔2005〕5 号)	2005 年 2 月 25 日	规定了国家兽医参考实验室的职责。明确了国家兽医参考实验室由国务院农业部门指定,并对外公布。

文件名称	施行日期	主要内容
动物病原微生物分类名录（农业部令2005年第53号）	2005年5月24日	包含水生动物疾病原微生物有22种,均属三类动物病原微生物。
关于印发《病死及死因不明动物处置办法(试行)》的通知(农医发〔2005〕25号)	2005年10月21日	规定了病死及死因不明动物的处置办法,适用于饲养、运输、屠宰、加工、贮存、销售及诊疗等环节发现的病死及死因不明动物的报告、诊断及处置工作。
农业部关于进一步规范高致病性动物病原微生物实验活动审批工作的通知(农医发〔2008〕27号)	2008年12月12日	明确了高致病动物病原微生物实验活动审批条件、规范高致病性动物病原微生物实验活动审批程序、加强高致病性动物病原微生物实验活动监督管理等三方面内容。
兽医系统实验室考核管理办法(农医发〔2009〕15号)	2010年1月1日	规定了兽医系统实验室考核管理制度。明确了考核承担部门级兽医实验室应当具备的条件。
动物防疫条件审查办法	2022年12月1日	包括总则、动物防疫条件、审查发证、监督管理、法律责任及附则。明确了农业农村部主管全国动物防疫条件审查和监督管理工作。县级以上地方人民政府农业农村主管部门负责本行政区域内的动物防疫条件审查和监督管理工作。
执业兽医和乡村兽医管理办法	2022年10月1日	包括总则、执业兽医资格考试、执业备案、执业活动管理、法律责任及附则。明确了农业农村部主管全国执业兽医和乡村兽医管理工作,县级以上地方人民政府农业农村主管部门主管本行政区域内的执业兽医和乡村兽医管理工作,加强执业兽医和乡村兽医备案、执业活动、继续教育等监督管理。
检验检测机构资质认定管理办法	2015年8月1日（2021年4月2日修改）	包括总则、资质认定条件和程序、技术评审管理、监督检查及附则。明确了国家市场监督管理总局主管全国检验检测机构资质认定工作,并负责检验检测机构资质认定的统一管理、组织实施、综合协调工作;省级市场监督管理部门负责本行政区域内检验检测机构的资质认定工作。
高致病性动物病原微生物实验室生物安全管理审批办法	2005年5月20日（2016年5月30日修订）	包括总则、实验室资格审批、实验活动审批、运输审批及附则。明确了农业部主管全国高致病性动物病原微生物实验室生物安全管理工作,县级以上地方人民政府兽医行政管理部门负责本行政区域内高致病性动物病原微生物实验室生物安全管理工作。

续表

文件名称	施行日期	主要内容
动物病原微生物菌（毒）种保藏管理办法	2009 年 1 月 1 日（2022 年 1 月 7 日修订）	包括总则,保藏机构,菌（毒）种和样本的收集,菌（毒）种和样本的保藏、供应,菌（毒）种和样本的销毁,菌（毒）种和样本的对外交流,罚则及附则。明确了农业农村部主管全国菌（毒）种和样本保藏管理工作,县级以上地方人民政府兽医主管部门负责本行政区域内的菌（毒）种和样本保藏监督管理工作。
无规定动物疫病区评估管理办法	2017 年 7 月 1 日	包括总则、申请、评估、公布、监督管理及附则。明确了农业部负责无规定动物疫病区评估管理工作,制定发布《无规定动物疫病区管理技术规范》和无规定动物疫病区评审细则。
出境水生动物检验检疫监督管理办法	2018 年 5 月 1 日	包括总则、注册登记、检验检疫、监督管理、法律责任及附则。明确了海关总署主管全国出境水生动物的检验检疫和监督管理工作。
进境动物和动物产品风险分析管理规定	2018 年 5 月 1 日	包括总则、危害因素确定、风险评估、风险管理、风险交流及附则。明确了海关总署统一管理进境动物、动物产品风险分析工作。
农业农村部关于做好动物疫情报告等有关工作的通知（农医发〔2018〕22 号）	2018 年 6 月 15 日	明确了动物疫情报告、通报和公布等工作的职责分工、疫情报告、疫病确诊与疫情认定、疫情通报与公布、疫情举报和核查、其他要求等六方面事项。
农业农村部　生态环境部　自然资源部　国家发展和改革委员会　财政部　科学技术部　工业和信息化部　商务部　国家市场监督管理总局　中国银行保险监督管理委员会关于加快推进水产养殖业绿色发展的若干意见（农渔发〔2019〕1 号）	2019 年 1 月 11 日	强调了要加强疫病防控。具体落实全国动植物保护能力提升工程,健全水生动物疫病防控体系,加强监测预警和风险评估,强化水生动物疫病净化和突发疫情处置,提高重大疫病防控和应急处置能力。完善渔业官方兽医队伍,全面实施水产苗种产地检疫和监督执法,推进无规定疫病水产苗种场建设。加强渔业乡村兽医备案和指导,壮大渔业执业兽医队伍。科学规范水产养殖用疫苗审批流程。
中华人民共和国进境动物检疫疫病名录	2020 年 7 月 3 日	包括水生动物疫病 43 种,均被列入二类进境疫病。

附录3 现行水生动物防疫标准

截至2021年年底,在山东省现行有效的水生动物防疫相关标准共有211项。其中,有国家标准有39项,行业标准166项(农业农村部水产行业标准102项、出入境检验检疫行业标准64项),山东省地方标准6项。

一、国家标准

相关国家标准见附表3-1。

附表3-1　水生动物防疫相关国家标准

序号	标准名称	标准号
通用		
1	实验室　生物安全通用要求	GB 19489—2008
2	实验动物　环境及设施	GB 14925—2010
3	生物安全实验室建筑技术规范	GB 50346—2011
4	动物防疫　基本术语	GB/T 18635—2002
5	致病性嗜水气单胞菌检验方法	GB/T 18652—2002
6	检测和校准实验室能力的通用要求	GB/T 27025—2019
7	检验检测实验室技术要求验收规范	GB/T 37140—2018
8	农业社会化服务　水产养殖病害防治服务规范	GB/T 37689—2019
9	水生动物病原DNA检测参考物质制备和质量控制规范　质粒	GB/T 41185—2021
鱼类防疫相关标准		
10	鱼类检疫方法　第1部分:传染性胰脏坏死病毒(IPNV)	GB/T 15805.1—2008
11	鱼类检疫方法　第6部分:杀鲑气单胞菌	GB/T 15805.6—2008
12	鱼类检疫方法　第7部分:脑粘体虫	GB/T 15805.7—2008
13	病毒性脑病和视网膜病病原逆转录—聚合酶链式反应(RT-PCR)检测方法	GB/T 27531—2011

续表

序号	标准名称	标准号
14	传染性造血器官坏死病诊断规程	GB/T 15805.2—2017
15	海水鱼类刺激隐核虫病诊断规程	GB/T 34733—2017
17	淡水鱼类小瓜虫病诊断规程	GB/T 34734—2017
18	病毒性出血性败血症诊断规程	GB/T 15805.3—2018
19	斑点叉尾鮰病毒病诊断规程	GB/T 15805.4—2018
20	鲤春病毒血症诊断规程	GB/T 15805.5—2018
21	草鱼出血病诊断规程	GB/T 36190—2018
22	金鱼造血器官坏死病毒检测方法	GB/T 36194—2018
23	真鲷虹彩病毒病诊断规程	GB/T 36191—2018
24	草鱼呼肠孤病毒三重 RT-PCR 检测方法	GB/T 37746—2019
甲壳类防疫相关标准		
25	对虾传染性皮下及造血组织坏死病毒(IHHNV)检测 PCR 法	GB/T 25878—2010
26	白斑综合征(WSD)诊断规程　第 1 部分:核酸探针斑点杂交检测法	GB/T 28630.1—2012
27	白斑综合征(WSD)诊断规程　第 2 部分:套式 PCR 检测法	GB/T 28630.2—2012
28	白斑综合征(WSD)诊断规程　第 3 部分:原位杂交检测法	GB/T 28630.3—2012
29	白斑综合征(WSD)诊断规程　第 4 部分:组织病理学诊断法	GB/T 28630.4—2012
30	白斑综合征(WSD)诊断规程　第 5 部分:新鲜组织的 T-E 染色法	GB/T 28630.5—2012
31	斑节对虾杆状病毒病诊断规程 PCR 检测法	GB/T 40249—2021
32	对虾肝胰腺细小病毒病诊断规程 PCR 检测法	GB/T 40255—2021
33	桃拉综合征诊断规程 RT-PCR 检测法	GB/T 40257—2021
贝类防疫相关标准		
34	派琴虫病诊断操作规程	GB/T 26618—2011
35	鲍疱疹病毒病诊断规程	GB/T 37115—2018
36	牡蛎单孢子虫病诊断规程　原位杂交法	GB/T 40251—2021
37	牡蛎小胞虫病诊断规程　显微镜检查组织法	GB/T 40253—2021
38	牡蛎马尔太虫病诊断规程　显微镜检查组织法	GB/T 40256—2021
其他种类防疫相关标准		
39	蛙病毒感染检疫技术规范	GB/T 39920—2021

二、行业标准

（一）农业农村部水产行业标准

农业农村部水产行业标准见附表3-2。

附表3-2　水生动物防疫相关水产行业标准

序号	标准名称	标准号
	通用类	
1	渔药毒性试验方法　第1部分:外用渔药急性毒性试验	SC/T 1087.1—2006
2	渔药毒性试验方法　第2部分:外用渔药慢性毒性试验	SC/T 1087.2—2006
3	水生动物检疫实验技术规范	SC/T 7014—2006
4	草鱼出血病细胞培养灭活疫苗	SC 7701—2007
5	水产养殖动物病害经济损失计算方法	SC/T 7012—2008
6	水生动物产地检疫采样技术规范	SC/T 7013—2008
7	水生动物疫病风险评估通则	SC/T 7017—2012
8	水生动物疫病流行病学调查规范	SC/T 7018—2022
9	水生动物病原微生物实验室保存规范	SC/T 7019—2015
10	水产养殖动植物疾病测报规范	SC/T 7020—2016
11	鱼类免疫接种技术规程	SC/T 7021—2020
12	对虾体内的病毒扩增和保存方法	SC/T 7022—2020
13	水生动物疾病术语与命名规则　第1部分:水生动物疾病术语	SC/T 7011.1—2021
14	水生动物疾病术语与命名规则　第2部分:水生动物疾病命名规则	SC/T 7011.2—2021
	鱼类细胞系相关标准	
15	鱼类细胞系　第1部分:胖头鲅肌肉细胞系(FHM)	SC/T 7016.1—2012
16	鱼类细胞系　第2部分:草鱼肾细胞系(CIK)	SC/T 7016.2—2012
17	鱼类细胞系　第3部分:草鱼卵巢细胞系(CO)	SC/T 7016.3—2012
18	鱼类细胞系　第4部分:虹鳟性腺细胞系(RTG-2)	SC/T 7016.4—2012
19	鱼类细胞系　第5部分:鲤上皮瘤细胞系(EPC)	SC/T 7016.5—2012
20	鱼类细胞系　第6部分:大鳞大麻哈鱼胚胎细胞系(CHSE)	SC/T 7016.6—2012
21	鱼类细胞系　第7部分:棕鲖细胞系(BB)	SC/T 7016.7—2012

序号	标准名称	标准号
22	鱼类细胞系　第 8 部分：斑点叉尾鮰卵巢细胞系（CCO）	SC/T 7016.8—2012
23	鱼类细胞系　第 9 部分：蓝鳃太阳鱼细胞系（BF-2）	SC/T 7016.9—2012
24	鱼类细胞系　第 10 部分：狗鱼性腺细胞系（PG）	SC/T 7016.10—2012
25	鱼类细胞系　第 11 部分：虹鳟肝细胞系（R1）	SC/T 7016.11—2012
26	鱼类细胞系　第 12 部分：鲤白血球细胞系（CLC）	SC/T 7016.12—2012
27	鱼类细胞系　第 13 部分：鲫细胞系（CAR）	SC/T 7016.13—2019
28	鱼类细胞系　第 14 部分：锦鲤吻端细胞系（KS）	SC/T 7016.14—2019
鱼类疾病诊断规程 / 方法		
29	鱼类细菌病检疫技术规程　第 1 部分：通用技术	SC/T 7201.1—2006
30	鱼类细菌病检疫技术规程　第 2 部分：柱状嗜纤维菌烂鳃病诊断方法	SC/T 7201.2—2006
31	鱼类细菌病检疫技术规程　第 3 部分：嗜水气单胞菌及豚鼠气单胞菌肠炎病诊断方法	SC/T 7201.3—2006
32	鱼类细菌病检疫技术规程　第 4 部分：荧光假单胞菌赤皮病诊断方法	SC/T 7201.4—2006
33	鱼类细菌病检疫技术规程　第 5 部分：白皮假单胞菌白皮病诊断方法	SC/T 7201.5—2006
34	鱼类简单异尖线虫幼虫检测方法	SC/T 7210—2011
35	传染性脾肾坏死病毒检测方法	SC/T 7211—2011
36	鲤疱疹病毒检测方法　第 1 部分：锦鲤疱疹病毒	SC/T 7212.1—2011
37	鲴嗜麦芽寡养单胞菌检测方法	SC/T 7213—2011
38	鱼类爱德华氏菌检测方法　第 1 部分：迟缓爱德华氏菌	SC/T 7214.1—2011
39	鱼类病毒性神经坏死病诊断方法	SC/T 7216—2022
40	刺激隐核虫病诊断规程	SC/T 7217—2014
41	指环虫病诊断规程　第 1 部分：小鞘指环虫病	SC/T 7218.1—2015
42	指环虫病诊断规程　第 2 部分：页形指环虫病	SC/T 7218.2—2015
43	指环虫病诊断规程　第 3 部分：鳙指环虫病	SC/T 7218.3—2015
44	指环虫病诊断规程　第 4 部分：坏鳃指环虫病	SC/T 7218.4—2015
45	三代虫病诊断规程　第 1 部分：大西洋鲑三代虫病	SC/T 7219.1—2015
46	三代虫病诊断规程　第 2 部分：鲩三代虫病	SC/T 7219.2—2015
47	三代虫病诊断规程　第 3 部分：鲢三代虫病	SC/T 7219.3—2015

序号	标准名称	标准号
48	三代虫病诊断规程　第4部分:中型三代虫病	SC/T 7219.4—2015
49	三代虫病诊断规程　第5部分:细锚三代虫病	SC/T 7219.5—2015
50	三代虫病诊断规程　第6部分:小林三代虫病	SC/T 7219.6—2015
51	黏孢子虫病诊断规程　第1部分:洪湖碘泡虫	SC/T 7223.1—2017
52	黏孢子虫病诊断规程　第2部分:吴李碘泡虫	SC/T 7223.2—2017
53	黏孢子虫病诊断规程　第3部分:武汉单极虫	SC/T 7223.3—2017
54	黏孢子虫病诊断规程　第4部分:吉陶单极虫	SC/T 7223.4—2017
55	鲤春病毒血症病毒逆转录环介导等温扩增(RT-LAMP)检测方法	SC/T 7224—2017
56	草鱼呼肠孤病毒逆转录环介导等温扩增(RT-LAMP)检测方法	SC/T 7225—2017
57	鲑甲病毒感染诊断规程	SC/T 7226—2017
58	传染性造血器官坏死病毒逆转录环介导等温扩增(RT-LAMP)检测方法	SC/T 7227—2017
59	传染性肌坏死病诊断规程	SC/T 7228—2019
60	鲤浮肿病诊断规程	SC/T 7229—2019
61	罗非鱼链球菌病诊断规程	SC/T 7235—2020
62	草鱼出血病监测技术规范	SC/T 7023—2021
63	罗非鱼湖病毒病监测技术规范	SC/T 7024—2021
64	流行性造血器官坏死病诊断规程	SC/T 7215—2021
	甲壳类疾病诊断规程 / 方法	
65	斑节对虾杆状病毒病诊断规程　第1部分:压片显微镜检测方法	SC/T 7202.1—2007
66	斑节对虾杆状病毒病诊断规程　第2部分:PCR检测方法	SC/T 7202.2—2007
67	斑节对虾杆状病毒病诊断规程　第3部分:组织病理学诊断法	SC/T 7202.3—2007
68	对虾肝胰腺细小病毒病诊断规程　第1部分:PCR检测方法	SC/T 7203.1—2007
69	对虾肝胰腺细小病毒病诊断规程　第2部分:组织病理学诊断法	SC/T 7203.2—2007
70	对虾肝胰腺细小病毒病诊断规程　第3部分:新鲜组织T-E染色法	SC/T 7203.3—2007
71	对虾桃拉综合征诊断规程　第1部分:外观症状诊断法	SC/T 7204.1—2007
72	对虾桃拉综合征诊断规程　第2部分:组织病理学诊断法	SC/T 7204.2—2007
73	对虾桃拉综合征诊断规程　第3部分:RT-PCR检测法	SC/T 7204.3—2007

续表

序号	标准名称	标准号
74	对虾桃拉综合征诊断规程　第 4 部分:指示生物检测法	SC/T 7204.4—2007
75	对虾桃拉综合征诊断规程　第 5 部分:逆转录环介导核酸等温扩增检测法	SC/T 7204.5—2020
76	中华绒螯蟹螺原体 PCR 检测方法	SC/T 7220—2015
77	虾肝肠胞虫病诊断规程	SC/T 7232—2020
78	急性肝胰腺坏死病诊断规程	SC/T 7233—2020
79	白斑综合征病毒(WSSV)环介导等温扩增检测方法	SC/T 7234—2020
80	对虾黄头病诊断规程	SC/T 7236—2020
81	虾虹彩病毒病诊断规程	SC/T 7237—2020
82	对虾偷死野田村病毒(CMNV)检测方法	SC/T 7238—2020
83	三疣梭子蟹肌孢虫病诊断规程	SC/T 7239—2020
	贝类疾病诊断规程 / 方法	
84	牡蛎包纳米虫病诊断规程　第 1 部分:组织印片的细胞学诊断法	SC/T 7205.1—2007
85	牡蛎包纳米虫病诊断规程　第 2 部分:组织病理学诊断法	SC/T 7205.2—2007
86	牡蛎包纳米虫病诊断规程　第 3 部分:透射电镜诊断法	SC/T 7205.3—2007
87	牡蛎单孢子虫病诊断规程　第 1 部分:组织印片的细胞学诊断法	SC/T 7206.1—2007
88	牡蛎单孢子虫病诊断规程　第 2 部分:组织病理学诊断法	SC/T 7206.2—2007
89	牡蛎单孢子虫病诊断规程　第 3 部分:原位杂交诊断法	SC/T 7206.3—2007
90	牡蛎马尔太虫病诊断规程　第 1 部分:组织印片的细胞学诊断法	SC/T 7207.1—2007
91	牡蛎马尔太虫病诊断规程　第 2 部分:组织病理学诊断法	SC/T 7207.2—2007
92	牡蛎马尔太虫病诊断规程　第 3 部分:透射电镜诊断法	SC/T 7207.3—2007
93	牡蛎拍琴虫病诊断规程　第 1 部分:巯基乙酸盐培养诊断法	SC/T 7208.1—2007
94	牡蛎拍琴虫病诊断规程　第 2 部分:组织病理学诊断法	SC/T 7208.2—2007
95	牡蛎小胞虫病诊断规程　第 1 部分:组织印片的细胞学诊断法	SC/T 7209.1—2007
96	牡蛎小胞虫病诊断规程　第 2 部分:组织病理学诊断法	SC/T 7209.2—2007
97	牡蛎小胞虫病诊断规程　第 3 部分:透射电镜诊断法	SC/T 7209.3—2007
98	贝类包纳米虫病诊断规程	SC/T 7230—2019
99	贝类折光马尔太虫病诊断规程	SC/T 7231—2019

序号	标准名称	标准号
100	牡蛎疱疹病毒 1 型感染诊断规程	SC/T 7240—2020
101	鲍脓疱病诊断规程	SC/T 7241—2020
两栖类疾病诊断规程/方法		
102	蛙病毒检测方法	SC/T 7221—2016

（二）出入境检验检疫行业标准

相关出入境检验检疫行业标准见附表 3-3。

附表 3-3　水生动物防疫相关出入境检验检疫行业标准

序号	标准名称	标准号
1	昏眩病诊断操作规程	SN/T 1420—2004
2	异尖线虫病诊断规程	SN/T 1509—2005
3	出口种用虾检验检疫规程	SN/T 1550—2005
4	贝类包拉米虫病检疫技术规范	SN/T 2434—2010
5	出入境动物检疫诊断试剂盒质量评价规程	SN/T 2435—2010
6	鱼鳃霉病检疫技术规范	SN/T 2439—2010
7	淡水鱼中寄生虫检疫技术规范	SN/T 2503—2010
8	病毒性脑病和视网膜病检疫规范	SN/T 2625—2010
9	进出境九孔鲍检验检疫规程	SN/T 2650—2010
10	杀鲑气单胞菌的检验操作规程	SN/T 2695—2010
11	鱼淋巴囊肿病检疫技术规范	SN/T 2706—2010
12	贝类马尔太虫检疫规范	SN/T 2713—2010
13	传染性鲑鱼贫血病检疫技术规范	SN/T 2734—2020
14	出境泥鳅检验检疫规程	SN/T 2747—2010
15	鲤春病毒血症检疫技术规范	SN/T 1152—2011
16	病毒性出血性败血症检疫技术规范	SN/T 2850—2011
17	闭合孢子虫病检疫技术规范	SN/T 2853—2011
18	进出境动物重大疫病检疫处理规程	SN/T 2858—2011
19	爬行动物检验检疫监管规程	SN/T 2866—2011

续表

序号	标准名称	标准号
20	中肠腺坏死杆状病毒病检疫技术规范	SN/T 2870—2011
21	鲍鱼立克次氏体病检疫技术规范	SN/T 2973—2011
22	鱼华支睾吸虫囊蚴鉴定方法	SN/T 2975—2011
23	鲑鱼立克次氏体检疫技术规范 巢式聚合酶链式反应法	SN/T 2976—2011
24	牙鲆弹状病毒病检疫技术规范	SN/T 2982—2011
25	虾桃拉综合征检疫技术规范	SN/T 1151.1—2011
26	对虾白斑病检疫技术规范	SN/T 1151.2—2011
27	虾黄头病检疫技术规范	SN/T 1151.4—2011
28	斑节对虾杆状病毒病（MBV）检疫技术规范	SN/T 1151.3—2013
29	传染性皮下和造血器官坏死检疫技术规范	SN/T 1673—2013
30	大西洋鲑三代虫病检疫技术规范	SN/T 2124—2013
31	虾细菌性肝胰腺坏死病检疫技术规范	SN/T 3486—2013
32	传染性肌肉坏死检疫技术规范	SN/T 3492—2013
33	水产品中颚口线虫检疫技术规范	SN/T 3497—2013
34	温泉鱼类志贺邻单胞菌病检疫技术规范	SN/T 3498—2013
35	甲壳类水产品中并殖吸虫囊蚴检疫技术规范	SN/T 3504—2013
36	白尾病检疫技术规范	SN/T 3583—2013
37	草鱼出血病检疫技术规范	SN/T 3584—2013
38	对虾杆状病毒病检疫技术规范	SN/T 1151.5—2014
39	传染性造血器官坏死病检疫技术规范	SN/T 1474—2014
40	锦鲤疱疹病毒病检疫技术规范	SN/T 1674—2014
41	真鲷虹彩病毒病检疫技术规范	SN/T 1675—2014
42	流行性溃疡综合症检疫技术规范	SN/T 2120—2014
43	流行性造血器官坏死病检疫技术规范	SN/T 2121—2014
44	水生动物链球菌感染检疫技术规范	SN/T 3985—2014
45	刺激隐核虫检疫技术规范	SN/T 3988—2014
46	箭毒蛙壶菌感染检疫技术规范	SN/T 3993—2014
47	鲍鱼疱疹病毒感染检疫技术规范	SN/T 4050—2014

序号	标准名称	标准号
48	贝类派琴虫实时荧光 PCR 检测方法	SN/T 4097—2015
49	斑点叉尾鮰病毒病检疫技术规范	SN/T 4289—2015
50	多子小瓜虫检疫技术规范	SN/T 4290—2015
51	螯虾瘟检疫技术规范	SN/T 4348—2015
52	动物检疫实验室生物安全操作规范	SN/T 2025—2016
53	出入境特殊物品卫生检疫实验室检测能力建设要求	SN/T 4610—2016
54	致病性嗜水气单胞菌检疫技术规范	SN/T 4739—2016
55	蛙脑膜炎败血金黄杆菌病检疫技术规范	SN/T 4827—2017
56	传染性胰脏坏死病检疫技术规范	SN/T 1162—2020
57	金鱼造血器官坏死病检疫技术规范	SN/T 5181—2020
58	牡蛎疱疹病毒病检疫技术规范	SN/T 5182—2020
59	鲍脓疱病检疫技术规范	SN/T 5186—2020
60	迟缓爱德华氏菌病检疫技术规范	SN/T 5188—2020
61	鮰类肠败血症检疫技术规范	SN/T 5189—2020
62	对虾急性肝胰腺坏死病检疫技术规范	SN/T 5195—2020
63	鳗鲡疱疹病毒感染检疫技术规范	SN/T 5279—2020
64	虾偷死野田村病毒病检疫技术规范	SN/T 5282—2020

三、山东省地方标准

相关山东省地方标准见附表 3-4。

附表 3-4　水生动物防疫相关山东省地方标准

序号	标准名称	标准号
1	海水养殖鱼类指状拟舟虫病诊断规程　第一部分:组织学诊断法	DB37/T 420.1—2004
2	海水养殖鱼类指状拟舟虫病诊断规程　第二部分:扫描电镜诊断法	DB37/T 420.2—2004
3	水产养殖病害测报规程	DB37/T 434—2017
4	牡蛎疱疹病毒 I 型检测技术规范　巢式 PCR 法	DB37/T 3673—2019
5	水生动物细菌性病原检测技术规范	DB37/T 4058—2020
6	刺参细菌性腐皮综合征调查技术规范	DB37/T 4131—2020